經營顧問叢書 ㉘⑤

人事經理操作手冊（增訂二版）

孫小萍　編著

憲業企管顧問有限公司　發行

《人事經理操作手冊》〈增訂二版〉

序　言

寶潔公司董事長說過「如果你把我們的資金、廠房及品牌留下，把我們的人帶走，我們的公司會垮掉；相反，如果你拿走我們的資金、廠房及品牌，而留下我們的人，十年內我們將重建一切。」可見，人才對於企業是何等重要。

進入 21 世紀後，人力資源管理在管理學界的地位逐步上升，在企業中的地位也迅速上升。在衆多跨國企業中，人事經理已經成爲高層管理者必經的發展階梯。

本書是增訂二版，專爲人事經理而撰寫的實務工具書，提供了人事管理規範。增訂二版內容更充實，從專業的角度，介紹了人事經理的工作職責和工作規範，同時爲人力資源管理活動中的各項工作，包括人力資源規劃、工作崗位分析與設置、招聘、培訓、績效考核、薪酬等各個方面提供了具體操作的指導，每一章均有管理辦法與案例，使讀者能理論與實際結合，真正做到學以致用。

2012 年 4 月　增訂二版

《人事經理操作手冊》〈增訂二版〉

目　錄

第 1 章

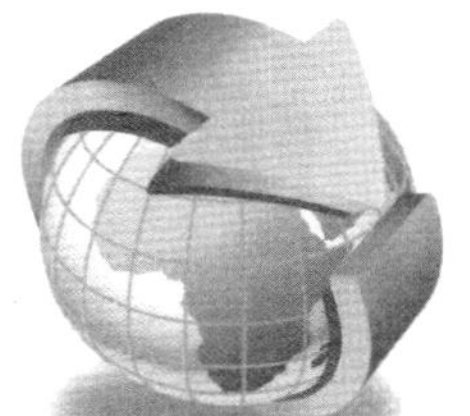

人事經理職責

第一節　人力資源部的職責

招聘、選拔、配置、培訓、開發、激勵、考核所需的各類人才，制定並實施各項薪酬福利政策及員工職業生涯計劃，調動員工的積極性，激發員工的潛能，滿足企業持續發展，是企業對人力資源部的需求。

一、人力資源部的職責

人事經理作為人力資源部的最高主管，其主要職責是：

⑴制定人力資源戰略規劃，為重大人事決策提供建議和信息支援。

⑵組織制定、執行、監督公司人事管理制度。

⑶做好相應的職位說明書，並根據公司職位調整需要進行相應的

變更，保證職位說明書與實際相符。

⑷根據部門人員需求情況，提出內部人員調配方案(包括人員內部調入和調出)，經上級審批後實施，促進人員的優化配置。

⑸與員工進行積極溝通。

⑹制訂招聘計劃、招聘程序，進行初步的面試與篩選，做好各部門間的協調工作等。

⑺根據公司對績效管理的要求，制定評價政策，組織實施績效管理，並對各部門績效評價過程進行監督控制，及時解決其中出現的問題，使績效評價體系能夠落到實處，並不斷完善績效管理體系。

表 1-1-1　人力資源部門職責

序號	職責	具體事項
1	人力資源規劃	企業戰略發展目標以及人力資源需求分析 人力資源盤點(人員結構分析調查、人員的素質調查) 人力資源供應預測 人力資源規劃策略的制訂、審查、核准、實施、監督、修訂 各項人力資源管理辦法規定的擬訂、修訂、執行、監督
2	績效管理	績效管理制度的制訂、修訂、審核、公告、試行、評估、改善 制定各部門績效考核指標體系，編制各部門員工績效考核表(月考核表、年度考核表、晉升考核表等) 員工績效考核事項的辦理 績效考核體系評估(員工滿意度調查、分析，績效考核獎懲方式信息收集、統計、匯總、分析，績效考核總結報告審核，績效方式改進措施的提出，績效方式改進措施的實施)

續表

序號	職責	具體事項
3	招聘與選拔	年度人員招聘計劃制訂，各單位人力需求信息的收集、整理、匯總 年度人員招聘預算的擬訂、審查、核准 年度人員招聘計劃實施(各單位人員增補單之受理，招聘信息製作、審查、發佈，應聘資料收集、過濾、選定，應聘資料送交用人單位過濾、選定，應聘資料保管) 人員面試工作 人員錄取核決 (6)新進人員報到手續辦理
4	培訓管理	培訓計劃制訂、實施，培訓工作的匯總、評估
5	薪資福利管理	薪資體系的建立 年度薪酬管理 調薪工作的承辦 人員考勤統計、員工薪資計算 企業福利體系擬訂及其作業管理(收集企業福利有關方面的信息、制訂企業員工的福利保險規劃和年度計劃、制訂公司福利保險費用預算計劃、辦理各項政策性福利保險)
6	勞資關係管理	勞工合約管理 員工入職事項的辦理 離職事項處理 對外勞工關係建立與維護 勞資糾紛處理 (6)人事報表彙編、轉呈和保管 (7)人事異動事項處理

⑻制定薪酬政策和晉升政策，組織提薪評審和晉升評審，制定公司福利政策，辦理社會保障福利。

⑼組織員工崗前培訓、協助辦理培訓進修手續。

⑽做好各種職位人員發展體系的建立，做好人員發展的日常管理工作。

人力資源部的職能主要是企業人力資源戰略與人力資源計劃、工作分析、人員招聘與配置、員工職業生涯發展與組織發展、溝通、績效評估、激勵與薪酬福利、員工培訓，具體如上表所示。

二、人事經理的角色

1. 助手和參謀

人事經理在與上級的關係中，最主要、最直接的關係是總經理，因為自己隨時會就企業的人力資源管理制度與政策、人事關係與問題的處理與之聯繫交換意見。可以說，人事經理在和總經理的關係上，扮演著助手和參謀的角色。通常，為了企業的利益，在處理各種問題上，人事經理必須要政策性、原則性很強，而不是一個唯命是從、唯唯諾諾、不敢堅持正確觀點和立場的「答錄機」及「傳聲筒」。

2. 服務者和監督者

在日常工作中，一方面，人力資源部所管理的內容要通過各種職能部門貫徹下去，並通過各職能部門進行信息回饋，所以人事經理應率領其同事樹立良好的服務意識，為企業的發展向企業員工提供優質的服務，另一方面，作為權力部門，還擔負著各職能部門員工與人力資源管理工作的檢查和監督的任務。所以，人事經理要幫助各職能部門主管正確理解企業各項人力資源管理制度與政策，並最終達成共識，避免出現政策與制度無法順利貫徹下去的局面。

3. 自律者和示範者

人事經理在管理直接下屬的過程中，應該要求自己嚴於律己，同時把律己的影響力輻射到週圍，在本部門的所有成員中產生反響。要讓企業員工們感到，企業中每一位人力資源管理者既是一個組織中人力資源管理制度與政策的制定者，同時又是模範的執行者。

4. 運動員與教練員

人事經理對組織內部的全體成員而言，是組織利益的代表，其職責範圍覆蓋至對所有員工的管理，這是與其他部門主管在職能範圍方面的重要區別。因此，在日常工作中，既要像運動員那樣，與和全體員工一起向著共同目標努力衝刺，又要像教練員一樣，隨時對員工給予指導和幫助，鼓勵他們向終點衝刺。

心得欄 --

 第二節 人事經理工作崗位職位說明書

(一)基本資料

職位名稱	人事經理	所屬部門	人力資源部
職務等級	2 級	薪酬等級	3 級
上級	執行總裁	直接下級	招聘專員、薪酬專員
轄員人數	5 人	本職位定員人數	1 人
職位編號	HRM-001	說明書編號	
編寫人		批准日期	2004 年 12 月 31 日
審批人簽名		任職者簽名	

(二)職位概述

對企業人力資源管理工作進行協調、指導、監督和管理。負責企業人力資源規劃、員工招聘、選拔、培訓、績效考核、薪酬管理及員工的激勵和開發等工作和相關制度的制定，保證企業人力資源供給和員工高效率工作。

(三)工作內容及績效標準

(1)根據企業實際情況和發展規劃擬定企業人力資源規劃，經批准後實施。

工作依據：企業目前的人力資源狀況。

考核標準：計劃書的可行性；計劃書的完成情況。

(2)制定人力資源部年度工作目標和工作計劃，按月做出預算及工作計劃，經批准後實行。

工作依據：企業目前人力資源狀況及以往的經驗。

考核標準：工作計劃的詳細性和可行性；預算的標準性。

(3)制定企業用人制度、人事管理制度、薪資制度、人事檔案管理制度、員工手冊、培訓大綱等規章制度，經批准後實施。

工作依據：《人力資源管理制度》

考核標準：規章制度的制定情況；規章制度的執行情況；員工對規章制度的反應情況。

(4)制定資源部專業培訓計劃，並協助培訓部實施、考核。

工作依據：根據企業員工工作所需的技能和知識設定培訓科目和內容。

考核標準：課程與工作的密切性；培訓的效果；培訓後對工作的影響情況；培訓效果滿意度調查。

(5)負責在企業內外收集有潛力的和所需的人才資訊，並組織招聘工作。

工作依據：依據企業目前所需的崗位要求

考核標準：最終的招聘結果；招聘人員在企業的實際工作情況；新員工試用不合格的比例。

(6)審批企業員工薪酬表，報執行總裁核准後轉財務部執行。

工作依據：《企業薪酬等級表》;《員工提薪制度》。

考核標準：員工對薪酬的滿意度。

(7)組織員工績效考核工作，負責審查各項考核、培訓結果。

工作依據：《員工業績表》;《員工培訓成績表》；員工平時表現。

考核標準：員工對績效考核的意見；績效考核的公平性。

(8)制定述職週期，經批准後安排述職活動。

工作依據：人力資源部的工作量及工作難度。

考核標準：述職報告與現實工作的一致性；每次工作改進的程度。

(9)審批過失單和獎勵單，並安排執行。

工作依據：《過失單》;《獎勵單》。

考核標準：處罰的合理性；獎勵的合理性。

(10)受理員工投訴和員工與企業勞動爭議，並負責及時解決。

工作依據：投訴事實;《勞工法》;《合約法》。

考核標準：維護企業名譽；對其他員工的影響程度；投訴人的滿意程度。

(11)按工作程序保持與相關部門的橫向聯繫，並及時對部門間爭議提出界定要求。

考核標準：有效化解部門間的矛盾；創造部門間的良好溝通氣氛。

(12)負責人力資源部的工作程序和規章制度、實施細則的執行和檢查。

工作依據：人力資源部制定的各種制度。

考核標準：制度的遵守程度；制度的熟知程度。

(13)及時準確傳達上級指示。

工作依據：

上級的指示文件或會議精神。

考核標準：資訊傳達的準確性；資訊傳達的及時性。

(14)審批人力資源部及與其相關的文件。

(15)瞭解人力資源部工作情況和相關數據，收集分析人事、勞資資訊，並定期向執行總裁、行政總監提交報告。

工作依據：人力資源部的相關數據。

考核標準：與現實情況的差距；報告的準確性。

(16)指導、巡視、監督、檢查所屬下級的各項工作。

工作依據：工作的實際進展情況。

考核標準：工作的控制情況；對工作細節的知曉情況。

(17)受理下級上報的合理化建議，按照程序處理。

工作依據：以所收到的建議為據。

考核標準：員工的滿意度。

(18)及時對下級工作中的爭議做出裁決。

工作依據：爭議問題的複雜性和經驗性。

考核標準：爭議雙方的滿意度。

(19)培訓和發現人才，根據工作需要申請招聘、調配直接下級，負責直接下級崗位人員任用的提名。

工作依據：員工在工作中的實際表現。

考核標準：提名人員被提拔到上級崗位後的實際表現。

(20)指定專人負責本部門文件資料的保管和定期歸檔工作。

工作依據：文件、檔案管理。

考核標準：文件檔案的丟失率。

(21)指定專人負責本部門和下級部門所使用的辦公用具、設備設施的登記台賬、定期盤點、報損報失等。

工作依據：辦公用品的使用去向。

考核標準：辦公用品及設備的使用率和破損率。

(22)代表企業與政府對口部門和有關團體、機構聯絡。

考核標準：企業認知度和美譽度。

(23)負責勞動關係管理，協調、解決勞資關係糾紛。

工作依據：《勞工法》;《勞工合約》。

考核標準：處理的合理性。

(四)責權範圍

1. 責任範圍

彙報責任	直接上報 1 人	間接上報 2 人	
	彙報內容		
督導責任	直接督導 5 人	間接督導____人	
培育責任	培育下級	現場指導、提供外部學習機會	
	專業培訓	組織本部門人力資源管理領域的培訓，法律法規	
成本責任	電話費用	控制在企業規定的限額內	
	電腦安全	保證人力資源測評軟體的正常運行，不因非正常操作而丟失員工的相關數據	
	辦公用品及設備	購買的辦公用品要及時登記入賬，各部門的辦公用品要有專人負責登記並核查，對印表機、影印機、傳真機、電子郵件要嚴加控制	
保密責任	企業的薪酬等級及人員薪資要嚴格保密		
獎懲責任	對已批准獎懲決定的執行情況負責		
預算責任	對人力資源部合理的預算開支負責		
檔案管理責任	對企業人事、勞資檔案的完整與定期歸檔負責		
參會責任	(1)參加企業年度總結會及其他有關重要會議； (2)參加季、月度總經理辦公會、活動分析會、考核評比會； (3)參加臨時緊急會議和執行總裁參加的有關專題會議； (4)參加本部門的人事工作會議。		

2. 權力範圍

權力項目	主要內容
審核權	對企業編制內招聘有審核權
解釋權	對企業員工手冊、規章制度有解釋權
調檔權	有關人事調動、招聘、勞資方面的調檔權
財務權	對限額資金的使用有批准權
監查權	對人力資源部所屬員工和各項業務工作有管理權和指揮權，對下級的工作有指導、監督、檢查權
提名權	有對直接下級崗位調配的建議權、任用的提名權和獎懲的建議權
考核權	對下級的管理水準和業務水準有考核權
聯絡權	有代表企業與政府相關部門和有關社會團體、機構聯絡的權力

（五）工作關係及條件

<table>
<tr><td rowspan="6">工作關係</td><td colspan="2">直接下級人數</td><td>5 人</td><td>直接下級人數</td><td></td></tr>
<tr><td rowspan="3">內部主要關係</td><td>所受監督</td><td colspan="3">在工作計劃、整體績效、特殊任務、重大問題等方面接受執行總裁的指導和監督</td></tr>
<tr><td>所施監督</td><td colspan="3">對本部門的員工的工作績效實行監督</td></tr>
<tr><td>合作關係</td><td colspan="3">在招聘、培訓、薪酬、獎懲等方面與企業各部門進行合作與溝通</td></tr>
<tr><td colspan="2">企業外部主要關係</td><td colspan="3">同專門的培訓機構、諮詢企業合作，進行員工的培訓和企業相關問題的諮詢</td></tr>
<tr><td colspan="2">國外機構主要關係</td><td colspan="3"></td></tr>
<tr><td>工作場所</td><td colspan="5">室內□　室外□　特殊場所□</td></tr>
<tr><td rowspan="2">工作時間</td><td colspan="2">一般工作時間</td><td colspan="3">固定□　偶爾變動□　經常變動□</td></tr>
<tr><td colspan="2">主要工作時間</td><td colspan="3">白天□　晚上□　不確定□</td></tr>
<tr><td>使用設備</td><td colspan="5">電話一部、電腦一台、傳真機一台、印表機一台、投影儀一台</td></tr>
</table>

(六)任職資格：

1. 學歷與專業

最佳學歷	MBA 或人力資源管理碩士	最低學歷	本科
專業要求	人力資源管理、企業管理、行政管理、勞動關係		
資格證書	學歷證書、人力資源管理師證書		
年齡要求	30 歲以上	性別要求	不限

2. 必要的知識

必備知識	人力資源管理知識、企業管理、法律知識
外語要求	英語聽說讀寫能力，4 級以上
電腦要求	電腦 2 級以上，熟練掌握辦公軟體，會操作常用人力資源管理軟體

3. 工作經驗

本職位工作適應期	3 個月
所需工作經歷	2 年以上中型企業人力資源部工作經驗

4. 職位關係

可直接晉升的職位	副總經理
可相互輪換的職位	總經理助理
可晉升至此的職位	人力資源部助理、培訓專員、薪酬專員
可降級的職位	人力資源部助理、總務管理員

5. 所需業務、技能培訓

培訓時間	不需要□　3 個月以下□　3～6 個月　□6～12 個月
培訓科目	
⑴人力資源管理	薪酬管理、激勵管理、績效考核、培訓管理的實務知識
⑵勞動法	有關的勞動法律法規和相關的補充規定
⑶合約法	工作合約的簽訂、履行、解除、糾紛、仲裁等方面的知識
⑷薪酬福利政策	國家頒佈的薪酬福利政策

6. 能力素質要求

必備能力	能力項目	能力標準
	認人能力	運用專業的知識，能夠分析某類人擅長的工作，並提供給他合適的崗位
	組織協調能力	能組織協調好企業各部門的工作，使各個部門處於一個良好的系統中
	溝通能力	能與員工和各部門經理進行良好的溝通
	團隊能力	良好的合作意識，對自我的認知能力較強，並充分發揮不同人的特長，有團隊意識
其他能力	能力項目	能力標準
	社交能力	代表企業進行必要的公關活動，提高企業的知名度
	執行能力	對企業制度的執行有方法、有策略
	判斷能力	對事情的發展趨勢判斷有力，準確性高
個人素質	素質項目	素質要求
	積極熱情	服務意識強，行事效率高、速度快、熱情高
	公正無私	一視同仁，待人公平，辦事公道正派
	喜歡交際	積極與人溝通，善於言辭
個性特徵	個性項目	要求程度
	責任心	認真負責、勇於承擔責任
	富有影響力	自己的行為對他人的影響很大，形成了一個影響力中心
	覺察力	對員工或事情能覺察、非常敏感

第 2 章

人事經理的制度化工作

第一節　人力資源管理制度的內容

人力資源管理制度是企業人力資源管理觀念的綜合體現，並通過一整套完善的約定性管理內容表現出來，以保證人力資源管理過程的科學性和完整性。

全面的、完善的人力資源管理制度包括了人力資源管理中的主要環節，體現了企業人力資源管理的需要和員工的個人利益要求，使管理工作按照一套嚴格的規劃、操作程序合理運轉，達到人力資源管理中人與事、人與組織以及人與人之間的相互協調，是企業組織高效運轉的保證。

1. 人力資源管理制度的內容

一套系統、完整的人力資源管理制度有其內容上的約定性，應包括以下內答。

⑴**人力資源管理部門職責規定**

人力資源管理制度必須首先規定人事部門的職責和權限範圍，並以此作為開展企業人力資源管理工作的依據。

⑵**員工招聘與錄用制度**

員工的招聘與錄用是企業吸收人才的重要環節，員工招聘與錄用的品質直接關係到企業人力資源的品質。對此項工作進行制度化管理就是為了保證企業引進人才的品質。

⑶**員工薪酬管理制度**

薪酬管理是人力資源管理中極為重要的組成部份。制定薪酬管理制度應保證其公平性、透明性和合理性。員工薪酬關係到每位員工的切身利益，必須通過嚴格的制度進行管理。

⑷**員工教育培訓制度**

現代企業非常重視員工教育培訓與開發。完整的教育培訓制度是企業做好內部人力資源開發的重要保障.員工教育培訓與開發既是企業發展的需要，也是員工職業發展的需要。因此，這項制度體現了企業與個人的雙重需求。

⑸**員工績效考核制度**

企業中的所有工作都是以最大限度地提高工作績效為基本目的。工作績效的考核是對員工工作結果的評價，它與員工的薪酬、獎勵、晉升、調整，以及降職、辭退等有直接關係，這些工作的實施大都是以工作績效的考核結果為評價標準。因此，所謂公平管理，在很大程度上就是取決於工作績效考核的公平性。

⑹**人事異動管理制度**

也叫人事調整。大凡涉及企業內部人員的升、降、調、辭、退等項工作，均屬於人事異動的管理範圍.制定人事異動管理制度的目的就是使這些人事調整能夠按照規範化程序運行。

⑺工作合約與人力資源管理制度

現代企業中，勞工關係是以工作合約的法律形式出現的，勞工關係法律化使雙方利益都得到保護，一旦出現人事勞工糾紛，必須按法律程序解決。對於人力資源管理中出現的緊張關係必須予以重視，加以檢討，並通過細緻的事前工作來防範，以創造一種良好的企業環境。

⑻人力資源管理的日常工作制度

制定此制度是為了加強人力資源管理部門自身工作的科學性和規範化。包括人事檔案管理制度和人事統計及報表管理。

2. 人力資源管理制度制定的程序

一般來講，企業制定人力資源管理制度都是有計劃的，人事部門只需在這計劃的指導下，進行編寫前的調查分析、收集資料，參與組織編寫，匯總制度並修改潤色等。

⑴調查分析

人事經理及人事部門在編寫制度之前，必須進行調查分析。

①外部因素。包括產業經濟政策、勞工政策、勞力市場現狀、科教發展水準、社會文化價值觀以及國外的一些相關政策，如外貿政策。

②內部因素。主要是企業內部的員工狀況、現有的制度情況、管理者的價值取向等。

⑵收集資料

人事部門應盡可能全面地收集各種有關制度制定方面的資料，相關法律法規、地方政府的相關文件、類似企業的制度、本企業原有的規章制度及其他相關資料等。

⑶參與組織編寫

制度的編寫一般是由人事部統一規劃，各部門的相關人員參與，最後匯總修改潤色成制度草稿供審核。

人事部門應根據編寫分工，把收集到的相關資料分發給編寫人員，傳達人事經理的指示，組織實施編寫(人事部門也應承擔部份章節的編寫)。最後，把各編寫人員草擬的稿子匯總、修改潤色成人力資源管理制度的草稿，供人事部門審核、討論定稿，並報請總經理批准。

4. 人力資源管理制度制定的要點

制定人事制度是一項繁雜的工作，需要投入大量人力，付出極大的精力，協調各個方面的意見，因此人事經理及人事部門應注意以下幾點。

⑴**讓當事人參與**

讓當事人參與制度的制定，是制定制度的一個重要原則。如果這個制度是針對整個企業的，要儘量使企業的全體員工都參與到制度的制定中來；如果只是針對某個工作流程的制度，則需要請相關的員工參與進來。一般的做法是，由起草人在進行過認真調查之後，起草制度的草案，將該草案公佈於眾，讓大家討論，提出修改意見，並由起草人收集意見進行修改。對於重點的當事人，起草人要個別徵求他們的意見，並做好記錄。

⑵**注意員工的習慣**

沒有人會主動更改自己熟悉的工作方式。在制定制度時，一定要認真分析現有的工作流程和員工的習慣。在不影響目標實現的前提下，盡可能地繼承原有的流程和習慣，只有這樣才能有效地保證以後制度的執行。

⑶**簡明扼要**

制度條款最終是要付諸執行的。當員工對制度本身無法理解時，就談不上能很好地執行。因此，制度條款的表述應當簡明、扼要、易懂。另外，制度不必過分追求縝密和完備，因為首先這會損害制度的簡明性和易懂性，不利於制度的執行；其次是員工對制度一般都有基於常識的認識和理解，對這些常識性的東西，編寫時不必面面俱到。

⑷**可操作性**

制度必須具有可操作性，否則就失去了制定制度的意義。為使制度易於操作，最好在制度中明確一般的操作方法。另外要寫明制定制度的原則，以便於在特別情況下進行處理。

⑸**力求公正**

制定制度時，應注重其公正性，因為比起制度的完善性，員工往往更關心制度的公正性。

第二節　人力資源管理制度的完善

完善人力資源管理制度內涵十分豐富，包括完善權責劃分制度、組織管理制度、人力資源管理程序與規劃、薪酬管理制度、獎金管理制度、員工招聘與錄用制度、員工管理制度、考勤管理制度、員工退休制度、員工培訓開發制度、員工福利制度等。這裏重點介紹權責劃分制度的完善，因為其他的制度的具體體現都是本書的重要內容，是人事經理指導人事部門的經理、主管所要完成的職責。

1. 完善權責劃分制度

完善權責劃分制度的內容主要包括制定權責劃分辦法，完善管理機構職責分工和機構職能。

⑴**制定權責劃分辦法**

權責劃分辦法是指企業為明確劃分各層級人員的權責，加強管理，提高工作效率而制定的辦法。

權責劃分辦法一般按企業組織系統可分為董事長、總經理、副總經理、經理、科長、主任、承辦員等六階層，將所有應由各層級人員負責的事項，分列於權責劃分表中。各層級人員的權責，可分為下列三種：

①經辦、主辦或提出——指該事項應由該層級人員負責辦理或由其發動提出。

②覆核或核轉——指該事項應由該層級人員負責覆核或核轉上一層級。

③核准——指該事項可由該層級人員作最後決定，付諸實施。

將所有事項分為共同及個別兩部份，再將共同事項劃分為幕僚單位及直線單位兩部份，以便簡化。

所有的權責，各層級人員均應切實負責辦理，不可推諉。實施時如遇困難或特殊事件發生，需向上一層級請示後處理。

各層級人員依其權責的規定辦理後，如需向上一層級人員報告時，仍須以書面或口頭報告。

權責劃分辦法一般採用列舉方式，其未列舉的事項，如已在本公司的各項規章、辦法或其他文件中有所規定的，照其中規定辦理；無規定的，可由一級單位主管(即幕僚及直線各單位的經理)酌情辦理。

涉及兩個以上單位職責的事項，應送各有關單位會核後處理。有關目標、政策、計劃、標準及重要人事事項，應經經營會議商討後，呈請董事長核定。辦法規定的事項，可根據實際需要隨時修訂。

⑵**完善各機構職責分工**

在完善管理機構職責分工時，應根據公司章程的基本規定和公司的組織機構設置情況，將各主要管理職位和機構的職責分工予以明確，力求責權分明，高效協調，以適應現階段經營和長遠發展的需要。

具體要完善的是與董事會機構和經營機構相對應的董事長和總經理的職責分工。

董事長是公司的法定代表人和重大經營事項的主要決策人，具體職責如下：

①主持召開股東大會、董事會議，並負責上述會議決議的貫徹落實。

②召集和主持管理委員會會議，組織討論和決定公司的發展規劃、經營方針、年度計劃以及日常經營工作中的重大事項。

③提名公司總裁和其他高級管理人員的聘用和解職，並報董事會批准和備案。

④決定公司內高層管理人員的報酬、待遇及其支付方式，並報董事會備案。

⑤定期審閱公司的財務報表和其他重要報表，全盤控制全公司系統的財務狀況。

⑥簽署批准調入公司的各級管理人員和一般幹部。

⑦簽署對外上報、印發的各種重要報表、文件、資料。

⑧處理其他由董事會授權的重大事項。

根據公司實際工作需要，董事會可設常務董事一人，協助董事長開展上述工作。董事長外出期間，由常務董事協調董事會各機構的日常工作。

此外，還應完善董事會委員會的職責，包括管理委員會、執行委員會、財務委員會、薪酬委員會、審計委員會等機構的職責。人事經理可根據工作需要建議董事會設立新的委員會。

同時人事經理還應負責完善常務副總經理、副總經理、行政副總經理(行政總監)、財務副總經理(財務總監)、生產副總經理(生產總監)、行銷副總經理(行銷總監)和人事副總經理(人事經理)的職責，並根據企業發展的需要建立企業和新設一些副總經理職位，如物業副總經理、貿易副總經理等，並制定相應的職責。

(3)完善機構職能

每個企業都會有自己或繁或簡的機構職能說明與規定，但是隨著企業發展，機構的增多，有些機構的職能不免有重覆或不明確的弊病。同時，企業也會新增一些機構。這都需要人事經理負責去完善它們。

首先需要完善的是董事會、總經理的工作職能。

董事會是一個企業的最高權力機構。完善的董事會職能主要有：

· 決定和批准合作公司提出的重要報告。
· 批准年度財務收支預算與年度利潤分配方案。
· 通過公司的重要規章制度。
· 訂立工作合約。
· 決定設立分支機搆和投資開發新項目。
· 討論通過本公司章程的修改。
· 決定聘用總經理、副總經理、總工程師、總會計師等高級職員。
· 負責合作公司終止和期滿時清算工作。
· 其他應由董事會決定的重大事宜。

2. 完善人力資源管理制度、程序與規劃

一個完善的組織管理制度，應包括公司章程、組織規程、股東會議規則、辦事細則、組織結構圖、權責劃分表、工作說明書、職務說明書以及各類決策權限表、職務分配表、部門工作分類表、部門工作分配表等內容。人事經理應著力完善這些組織管理制度的內容，在多數情況下這是屬於總經理的職責，但又和人事經理的工作息息相關，人事經理應當協助總經理完成這方面的工作。

心得欄 ----------------------------------

第 3 章

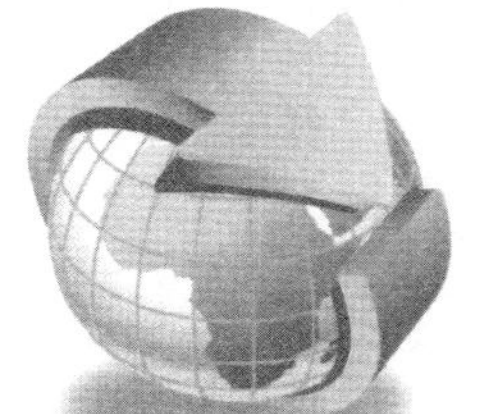

人事經理的人力資源規劃工作

第一節　人力資源規劃工作

一、什麼是人力資源規劃

人力資源規劃是指為使企業在一定時期穩定地擁有一定素質和必要數量的人力，以實現包括個人利益在內的該組織的目標而制定的一套措施，從而求得人員需求量和人員擁有量之間在企業未來發展過程中的相互匹配。

人力資源規劃要實現的目標，如下：

1. 得到並保持一定數量具備特定技能、知識結構和能力的人員，充分利用現有人力資源。

2. 預測企業中潛在的人員過剩或人力不足的問題。

3. 建設一支訓練有素、運作靈活的勞動力隊伍，增強企業適應未知環境的能力。

4. 減少企業在關鍵技術環節對外部招聘的依賴性。

二、人力資源規劃的主要內容

企業的人力資源必須事先規劃妥當，包括：

1. 需要多少員工？

表 3-1-1　企業人力資源須事先規劃

規劃項目	主要內容	預算內容
總體規劃	人力資源管理的總體目標和配套政策	預算總額
配備計劃	中、長期內不同職務、部門或工作類型的人員的分佈狀況	人員總體規模變化而引起的費用變化
離職計劃	因各種原因離職的人員情況及其所在崗位情況	安置費
補充計劃	需要補充人員的崗位、補充人員的數量、對人員的要求	招聘、選拔費用
使用計劃	人員晉升政策、晉升時間、輪換工作的崗位情況、人員情況、輪換時間	崗位變化引起的薪酬福利等支出的變化
培訓開發劃	培訓對象、目的、內容、時間、地點、培訓師等	培訓總投入
職業計劃	骨幹人員的使用和培養方案	
績效與薪酬福利計劃	個人及部門的績效標準、衡量方法，薪酬結構、薪資總額、薪資關係、福利以及績效與薪酬的對應關係等	薪酬福利的變動額
勞動關係計劃	減少和預防勞動爭議，改進勞動關係的目標和措施	訴訟費用及可能的賠償

2. 員工應具備那方面技術、知識和能力？

3. 現有的人力資源能否滿足目標需要？

4. 對員工進行進一步的培訓開發的必要性有那些？

5. 是否需要招聘？

6. 何時需要新員工？

7. 何時開始培訓或招聘？

8. 如果為了減少開支或由於經營狀況不佳而必須裁員，應採取那些應對措施？

9. 除了積極性、責任心外，是否還有其他因素可以開發利用？

第二節　人力資源供求預測

人力資源規劃的任務是預測未來某個時期組織對人力資源的需要。因此，人力資源規劃的預測包括人力資源供應預測和人力資源需求預測，二者的差額就是組織對人力資源的需要。人力資源供應預測和需求預測建立在不同基礎上，受不同因素的影響。

一、人力資源供應預測

人力資源供應預測包括內部供應預測和外部供應預測，以對組織現有人員狀況分析為基礎，同時考慮組織內部人員的流動狀況，瞭解有多少員工仍然留在原崗位上，有多少員工因崗位輪換、晉升、降級等原因離開原崗位轉到新崗位工作，有多少員工因退休、調離、辭職或解僱等原因離開組織。

進行人力資源供求預測，首先要進行的是人力資源內部供應預測。

在進行人力資源內部供應預測後，接下來就要進行人力資源外部供應預測。

人力資源外部供應預測在某些時候對組織制定人力資源計劃十分重要。而人力資源外部供應預測受到的影響因素又較廣泛，而且不易控制，因此應該引起足夠的重視。

⑴**內部員工流動可能性矩陣圖**

企業內部員工每年都是流動的，瞭解流動的趨勢可以知道人力資源內部可能的供應量，具體方法見表 3-2-1。

表 3-2-1　員工流動可能性矩陣圖

工作級別		終止時間									流出	總量
		A	B	C	D	E	F	G	H	I		
起始時間	A	1.00									—	1.00
	B	0.15	0.80								0.50	
	C		0.16	0.76	0.04						0.04	
	D		0.01	0.23	0.73						0.03	
	E					0.85	0.05				0.10	
	F					0.25	0.65	0.05			0.05	
	G						0.40	0.50	0.03		0.07	
	H						0.02	0.15	0.75		0.08	
	I								0.20	0.50	0.30	1.00

在表 3-2-1 中，工作級別從 A 到 I，其中 A 最高，I 最低。起始時間如果是前年，終止時間如果是去年，那麼這張矩陣圖就是員工流動調查圖，其中的數據一般根據調查得出。

表中的數字是百分比，例如 AA 為 1.00 是指在這個時間段內最高工作級別的人員未流動；BB 為 0.80，是指在這個時間段內，這個級別的人員留住 80%，其中 15%晉升到 A 崗位，5%流出企業，以此類推。

從矩陣圖中，我們可以看出員工流動的趨勢，例如，從表 3-2-1 中可以看出 I 崗位上流走的人最多，佔 30%，其次是 E 崗位，佔 10%；D 和 E 兩崗位只有晉升，沒有降級；G 和 F 兩崗位晉升比例較大，但有降級。

⑵**馬爾可夫(Markov)分析矩陣圖**

馬爾可夫分析矩陣圖與內部員工流動可能性矩陣圖有相似之處，但前者更清楚一點，除提供留任率、晉升率和降職率外，還增加了各崗現任員工數量，利用馬爾可夫分析矩陣圖可預測將來某時期各崗員工的數量。從表 3-2-2 可以看出，馬爾可夫分析矩陣圖的上半部份與流動可能性矩陣圖完全相同，只是多了下半部份的現任者應用矩陣(表 3-2-3)。從現任者應用矩陣來看，A 崗位原有員工 62 人到 AA 便只有 44 人(62×70%＝44 人)；到了 AB 便只有 6 人(62×10%＝6 人)；到了 AC 便只有 3 人(62×5%＝3 人)；流出人數為 9 人(62×15%＝9 人)；以此類推。

根據馬爾可夫分析矩陣圖，我們可以很清楚地看出在終止時間各工作崗位的任職人數以及流出的人數。

表 3-2-2　馬爾可夫分析矩陣

流動可能性矩陣						
終止時間		A	B	C	D	流出
起	A	0.07	0.10	0.05	0	0.15
始	B	0.15	0.60	0.05	0.10	0.10
時	C	0	0	0.80	0.05	0.15
間	D	0	0	0.05	0.85	0.10

表 3-2-3　現任者應用矩陣

終止時間 / 起始時間	原有員工人數	A	B	C	D	流出
A	62	44	6	3	0	9
B	75	11	45	4	8	7
C	50	0	0	40	2	8
D	45	0	0	2	38	5
終止期員工人數		52	51	49	48	29

⑶**技術調查法**

技術調查法是為追蹤員工的工作經驗、教育程度、特殊技能等有關的資訊而設計的一套系統。可以輸入電腦，以便在需要人力資源時隨時查用。表 3-2-4 是一張典型的技術調查表。其中的資訊可以根據企業的不同需要而修改。

運用技術調查表法可以知道企業內人力資源供應的狀態，主要作用如下：

・評價目前不同種類員工的供應狀況。

· 確定晉升和換崗的候選人。

· 確定員工是否需要進行特定的培訓或發展項目。

· 幫助員工確定職業計劃與職業途徑。

表 3-2-4　技術調查表

<table>
<tr><td colspan="2">姓名：李偉　　性別：男　　出生年月：1960 年 6 月
工號：67089　　部門：財務部　　填表日期：1998 年 8 月 18 日</td></tr>
<tr><td>關鍵字
詞　描述　活動
1. 會計　稅務會計　監督和分析
2. 簿記　一般總賬　監督
3. 審訊　電腦記錄　分析</td><td>教育程度
學位　專業　年份
1. MBA　工商行政管理　1995
2. ME　經濟學　1985
3. BS　數學　1982</td></tr>
<tr><td>工作經驗</td><td>受訓經歷</td></tr>
<tr><td>1985～1989　在 A 商店任會計主管</td><td>1.《基礎管理技能》　1995</td></tr>
<tr><td>1989～1996　任 BIT 財務經理助理</td><td>2.《對卓越的投資》　1996</td></tr>
<tr><td>1996 至今　在 C 銀行任審計部經理</td><td>3.《電腦應用》　1997</td></tr>
<tr><td>學術團體：中國會計協會、中國管理協會</td><td>專業證書：中國註冊會計師 1996</td></tr>
<tr><td>外語：英語(流利)、日語(能閱讀)
興趣愛好：橋牌、乒乓球、保齡球</td><td>曾工作、居住地點：A 城市、C 城市</td></tr>
<tr><td colspan="2">備註：</td></tr>
<tr><td colspan="2">員工簽名：　　直屬上級簽名：
人力資源部簽名：</td></tr>
</table>

⑷繼任卡法

繼任卡法也叫替補圖法，就是運用繼任卡分析和設計管理人員的供應狀態。典型的繼任卡法見表 3-2-5。

表 3-2-5　繼任卡

<table>
<tr><td>A</td><td colspan="4"></td></tr>
<tr><td colspan="5">B</td></tr>
<tr><td>C</td><td colspan="3">D</td><td>E</td></tr>
<tr><td>C1</td><td>1</td><td>D1</td><td>B1</td><td>A1</td></tr>
<tr><td>C2</td><td>2</td><td>D2</td><td>B2</td><td>A2</td></tr>
<tr><td>C3</td><td>3</td><td>D3</td><td>B3</td><td>A3</td></tr>
<tr><td>CE</td><td>緊急繼任者</td><td colspan="2">DE</td><td>BE</td></tr>
</table>

其中 A 填入現任者晉升可能，用不同顏色填入表示晉升可能性大小；甲級(紅色)表示應該立即晉升；乙級(黑色)表示隨時可以晉升；丙級(綠色)表示在 1 至 3 年內可以晉升；丁(黃色)表示在 3 至 5 年內可以晉升。

其中 B 填入現任者的職務；C 填入現任者的年齡，只是為了考慮何時退休之用；D 填入現任者姓名；E 填入現任者任現職的年限。1、2、3 分別表示三位繼任者。其中 C1、C2 和 C3 分別填入三位繼任者的年齡；D1、D2 和 D3 分別填入三位繼任者對應的姓名；B1、B2 和 B3 分別填入三位繼任者對應的職務；A1、A2 和 A3 分別填入三位繼任者晉升的可能性。

緊急繼任者是指在特殊緊急情況下(如現任者突然死亡，現任者突然辭職等)繼任者在年齡、姓名、職務方面的情況。

下面，通過一個實例來說明其運用方法，如表 3-2-6 所示。

某公司銷售副總經理李偉，50 歲，任現職已 5 年，晉升為總經理的可能性為乙級；三位銷售副總經理繼任者的情況如下：王志，45 歲，銷售部經理，晉升為銷售副總經理的可能性為乙級；肖月，41 歲，市場部經理，晉升為銷售副總經理的可能性為丙級；林洋，36 歲，銷售助理，晉升為銷售副總經理的可能性為丙級。顯然緊急繼任者為王志。

表 3-2-6　繼任替補圖

乙(黑)				
銷售副總經理				
50 歲	李偉			5 年
45 歲	1	王志	銷售部經理	乙(黑)
41 歲	2	張強	銷售部經理	丙(綠)
36 歲	3	林洋	銷售經理	丙(綠)
45 歲	緊急繼任者			周志新

乙(黑)				
銷售部經理				
41 歲	張強			4 年
32 歲	1	周嚴明	市場助理	乙(黑)
35 歲	2	王志剛	廣告經理	丙(綠)
32 歲	3	陳力宏	品牌經理	丙(綠)
36 歲	緊急繼任者		林洋	銷售經理

乙(黑)				
銷售部經理				
45 歲	張強			4 年
36 歲	1	林洋	銷售助理	乙(黑)
40 歲	2	林明	東區經理	乙(黑)
38 歲	3	葉麗萍	西區經理	丙(綠)
42 歲	緊急繼任者		周嚴明	銷售經理

由於繼任卡的制定，企業不會由於某個人離去而使工作受到太大的影響。另外，以組織圖為基礎的替補圖有利於調動員工的積極性。當然，繼任卡也可以顯示某些員工需要經過一段時間的培訓和實踐才能晉升。

二、人力資源需求預測

人力資源的需求預測就是預測組織未來需要多少員工，需要什麼類型的員工。因此，人力資源的需求預測既要考慮現行的組織結構，生產率水準等因素，又要預見到未來由於組織目標調整而導致的一系列變化，以及由此而產生的人力資源需求在數量和質量兩方面的變化。

人力資源需求預測必須在收集資訊時進行，其實這也是分析資訊的一種方式，人力資源需求預測的方法主要有：德爾菲法、總體需求結構分析預測法、人力資源成本分析預測法、人力資源發展趨勢分析預測法和工作分析法。

1. 德爾菲法

德爾菲(Delphi)法是1940年基於在蘭德公司的思想庫中發展起來的，是獲得專家對影響組織發展的某一問題的一致意見的程序化方法。這裏的專家可以是基層的管理人員、普通員工，也可以是高層經理，可以來自組織內部，也可以來自組織外部。總之，這裏的專家不是學者的，而是對所研究的問題有深入瞭解的，對所研究的問題有發言權的人員。這種方法的目標是通過綜合專家們各自的意見來預測某一領域的發展狀況，適合於對人力資源需求的長期趨勢預測。

首先在企業中廣泛地選擇各個方面的專家，每位專家都擁有關於人力資源預測的知識或專長。主持預測的人力資源部門要向專家們說明預測對組織的重要性，以取得他們對這種預測方法的理解和支援，同時通過對企業戰略定位的審視，確定關鍵的預測方向、解釋變數和難題，並列舉出預測小組必須回答的一系列有關人力資源預測的具體問題。

然後使用匿名填寫問卷的方法，來設計一個可使各位預測專家在預測過程中暢所欲言地表達自己觀點的預測系統。使用匿名問卷的方法可以避免專家們面對面集體討論的缺點(因為在專家組的成員之間存在著身份或地位的差別，較低層次的人容易受到較高層次的專家的影響而喪失見解的獨立性。同時也存在一些專家不願意與他人衝突而放棄或隱瞞自己正確觀點的情況)。人力資源管理部門需要在第一輪預測後，將專家們各自提出的意見進行歸納，並將這一綜合結果反饋給他們。然後重覆上述過程，讓專家們有機會修改自己的預測並說明原因，直到專家們的意見趨於一致。

在預測過程中，人力資源部門應該為專家們提供充分的資訊，包括已經收集的歷史資料和有關的統計分析結果，目的是使專家們能夠做出較準確的預測。另外所提出的問題應該盡可能簡單，以保證所有專家能夠從相同的角度理解員工分類和其他相關的概念。在必要時，可以不問人力需求的總體絕對數量，而問變動的百分比或某些專業人員的預計變動數量。對於專家的預測結果也不要求精確，但是需要專家們說明對所做預測的肯定程度。

美國的一家零售公司曾經用德爾菲方法來預測公司在某一年所需要的採購員的需求量。這家公司所選擇的專家是公司中的 7 位管理人員，他們回答了 5 輪匿名問卷。在第一輪調查結束後，預測的結果在 32 到 55 名之間。到第五次調查結束後，預測值的範圍是 34 名到

45 名，平均值為 38 名。為了檢驗德爾菲預測技術的精確程度，這家公司沒有公佈預測結果，也沒有在當年的招聘中使用這一預測資訊。但到那一年結束時，這家公司實際上招聘了 37 名採購人員，其結果表明德爾菲方法的預測結果比較精確。

2. 總體需求結構分析預測法

總體需求結構預測法可以用下面公式來表示：

NHR＝P＋C－T

NHR 是指未來一段時間內需要的人力資源，P 是指現有的人力資源，C 指未來一段時間內需要增減的人力資源，T 指由於技術提高或設備改進後節省的人力資源。如果未來一段時間內由於業務發展，C 就可能是負的。

例如：某公司目前員工是 200 人，在三年後由於業務發展需要增加 100 人，但由於技術提高後可以節省 25 人。根據公式：P＝200；C＝100；T＝25，即得：

NHR(三年後需要的人力資源)＝200＋100－25＝275 人

3. 人力資源成本分析預測法

人力資源成本分析預測法是從成本的角度進行預測，其公式如下：

$$NHR = \frac{TO}{(S + BN + W + O) \times (1 + a\% \times T)}$$

NHR 是指未來一段時間內需要的人力資源，TB 是指未來一段時間內人力資源預算總額；S 是指目前每人的平均薪資；BN 是指目前每人的平均獎金；W 是指目前每人的平均福利；O 是指目前每人的平均其他支出；a%是指企業計劃每年人力資源成本增加的平均百分數；T

是指未來一段時間的年限。

例如：某公司三年後人力資源預算總額是 300 萬美元/月。目前每人的平均薪資是 1000 美元/月，每人的平均獎金是 200 美元/月，每人的平均福利是 720 美元/月，每人的平均其他支出是 80 美元/月。公司計劃人力資源平均每年增加 5%。

根據公式：TB＝3000000；S＝1000；BN＝200；W＝720；O＝80；a%＝5%；T＝3；

$$\text{NHR（三年後需要的人力資源）} = \frac{3000000}{(1000+200+720+80)\times(1+5\%\times 3)} = 1304\text{（人）}$$

4. 人力資源發展趨勢分析預測法

人力資源發展趨勢分析預測法是利用過去的員工人數，預測未來組織人力資源的需求。採用這種方法的關鍵是根據組織的生產經營情況選擇一個對員工人數有重要影響的預測變數，若生產型企業最常用的預測變數為銷售量。銷售量與員工人數之間的關係為正比例。如圖 3-2-1 所示，橫軸表示銷售量，縱軸表示實際需要的員工人數。當銷售量增加時，員工人數也隨之增加。利用這種方法，人力資源部門就可以根據下一階段大致的銷售量近似估計所需的員工數量。

圖 3-2-1 銷售量與員工人數關係

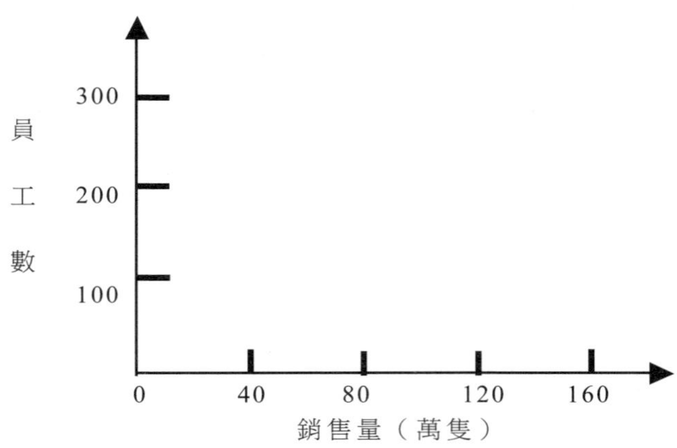

隨著電腦的廣泛使用，人事經理們有了一個重要的預測工具——迴歸分析法。由於公司業務量的變化與員工數量的變化成正比，因此，回歸分析法成為最常使用的預測方法。但在大多數情況下，員工數量是由多個因素決定的，因此可以考慮採用多元回歸進行預測。

NHR＝a［1＋（b%－c%）T］

NHR 指未來一段時間內需要的人力資源；a 指企業現有的人力資源；b%指企業計劃平均每年發展的百分比；c%指企業計劃人力資源發展與企業發展的百分比的差異，主要體現企業在未來發展中提高人力資源效率的水準；T 指未來一段時間的年限。

5. 工作分析法

工作分析法使用的前提是完成一項工作所需的時間和所需的人員數量可以測定。在生產企業中應用這種方法時首先要確定企業計劃的生產量或者每個部門的任務量，然後根據直接生產工人的標準工時和每個工人每年正常的工作時間計算所需的直接工人數量。

工作分析法的公式是：NBR=TP(生產總量)/XP(個體平均和產量)

例如：一家銷售公司計劃明年銷售 1000 萬元的產品，每個推銷員平均每年銷售 50 萬元產品，那麼明年需要多少推銷員？

根據公式：NBR=1000/50=20(人)

第三節　人力資源規劃的工作步驟

一、制定人力資源規劃的步驟

制定人力資源規劃，首先必須瞭解企業的目標、使命、信念、價值觀和戰略，然後將人力資源管理和企業業務規劃相結合，另外也可按照業務的優先次序，編排人力資源管理項目。制定人力資源規劃，可遵循以下五個步驟。

第一步：具體工作事項：

(1)進行企業戰略分析，包括戰略目標、方針和關鍵成功因素。

(2)明確面臨的戰略挑戰。戰略挑戰包括內在和外在的挑戰。

工作內容：

(1)認真閱讀企業的主要文件，包括企業目標、使命、信念、工作項目和其他戰略方面的文件。

(2)約見企業高層人員，聽取他們對企業的方針、關鍵成功因素，以及各項挑戰的意見

(3)約見企業的關鍵人物，例如股東和企業的客戶，以確定他們對企業的期望。

第二步：具體工作事項：

⑴針對戰略分析結果，評估人力資源管理問題。

⑵找出企業在戰略方面存在的人力資源問題。

工作內容：

列出潛在的人力資源問題：

⑴員工能否勝任；要實現所確定的戰略目標，員工需具備什麼新技能？

⑵怎樣區分表現出色與表現一般的員工？採取什麼方法評價他們的表現？

⑶怎樣引導、培養表現欠佳的員工，以改善他們的工作表現？

⑷是否培訓員工去迎接未來的挑戰？需要採取那些改善措施？

⑸是否激勵員工去接受目前和未來的挑戰？如何激勵員工的鬥志？

⑹是否招聘和保留合適的人才以迎接未來的挑戰？如果沒有，有什麼方法可以招聘合適的人才？

⑺企業目前的文化是否與企業目標、使命和信念相吻合？

⑻現有人員是否足以應付日後的業務需求？

第三步：具體工作事項：

找出企業日常面對的人力資源問題。這些問題會涉及人力規劃、招聘、管理、培訓發展以及員工關係等。

工作內容：

⑴約見員工，與他們暢談當前面對的人力資源問題，包括人力規劃、招聘、績效管理、培訓發展，以及員工關係等問題。

⑵組織員工專題討論小組。通過專題討論小組，與不同員工探討人力資源問題，並確定問題的緩急次序，為確保參與小組的員工都能充分表達意見，會議應由訓練有素的輔導人員主持，而小組的成員也

須在事前細心挑選。

⑶進行員工意見調查。調查結果更可作為衡量改善的標準。

第四步：具體工作事項：

制訂出解決戰略性人力資源問題的解決方案。

工作內容：

⑴將人力資源問題按照重要性的大小進行排序。

⑵針對問題確定所需採取的措施。

⑶請企業高層主管共同參與。

第五步：具體工作事項：

制定人力資源管理規劃。

工作內容：

⑴在取得管理層對處理人力資源問題的意見後，可再提出其他建議，以解決這些亟待解決的人力資源問題。

⑵把建議分類，列出大約 5～10 個方面，例如培訓、員工關係等。

⑶形成人力資源管理規劃初稿，闡釋目標和改進建議。

⑷草擬一份人力資源管理項目一覽表，列明各項目的目標，以便查閱。

⑸將人力資源管理規劃分發給有關人士，徵詢他們對規劃的意見。

⑹參考他們的意見並修改人力資源管理規劃，最後定稿。

二、人力資源需求規劃書

安力企業 2004 年人力資源的規劃書，其內容如下：

A. 人力資源情況分析

表 3-3-1　2001～2004 年人力資源狀況與預測

單位：人

人員結構＼年份	2001 年	2002 年	2003 年	2004 年
員工總數	25	40	65	83
專業管理人員	3	6	9	11
一般管理人員	5	10	14	17
中高層管理人員	2	4	5	7

人員分析：企業目前擁有具備中、高級職稱的管理人員 18 人，其中有高級職稱的人員 4 人(佔企業總人數的 4.8%)，中級職稱的人員 14 人(佔企業總人數的 16.9%)。中高層管理人員 7 人的平均年齡 45 歲，有本科以上學歷的僅佔 16%。

人員離職比例 2001～2002 年為 47.6%，2002～2003 年為 30.9%；2003～2004 年為 28%。

人員增長比例 2001～2002 年為 60%，2002～2003 年為 62.5%，2003～2004 年為 27.7%。

從上述數據不難看出，企業目前的人力資源配置尚不合理。

1. 管理人員持有中高級職稱的比例過低。企業現有管理人員 35 人，持有中、高級職稱的僅佔總人數的 21.7%，未達到應有的 70%～

80%的水準。因此，企業的崗位評價、招聘錄用、培訓機制等人力資源管理方面都應當加強。

2. 人員增長和離職的比例失調。由於企業的人力資源管理在績效考核、淘汰與晉升、人力資源開發等模組上缺乏統一性和制度化，引起人員流動的不協調。人員增長可基本控制在 18%左右，而離職比例控制在 10%左右是較科學的。

3. 管理層人數比例過高。企業的管理層人數 35 人，佔總人數的 42%，形成了「管的人多，幹的人少」的管理構架，管理層結構扁平式更為合理，其比例以不超過總人數的 25%為宜。

4. 人力資源管理的制度和激勵制度未形成規範。企業目前的各項人力資源基礎制度尚不完善，這可能會導致管理中出現「執行依據不足，人為因素過多」的問題。另外，如果該企業人才激勵機制不完善，就會產生「進的人多，出的人少」、「留的人雜，走的人怨」等現象。

5. 企業人力資源管理尚停留在基礎的人事管理上。企業應如何留住、培養、使用、激勵和開發人才？這些問題不是簡單地進行人事管理就可以解決的，而應以不同階段的企業經營戰略目標為依據，以專業的人力資源管理軟體為工具，以各級管理部門的配合為支持，進行企業化的人力資源規劃。搭建科學、合理、制度化的人力資源架構，實施以企業管理為指導、分級管理為基礎的、嚴格執行的人力資源管理制度。

B. 職務設置與人員配置計劃

根據企業 2004 年發展計劃和經營目標，人力資源部協同各部門制定了 2004 年的職務設置與人員配置計劃。在 2004 年，企業將劃分為 8 個部門，其中行政副總經理負責行政部和人力資源部，財務總監負責財務部，營銷總監負責銷售一部、銷售二部和產品部，技術總監負責開發一部和開發二部。具體職務設置與人員配置如下：

1. 決策層（5 人）：總經理 1 名、行政副總 1 名、財務總監 1 名、營銷總監 1 名、技術總監 1 名。

2. 行政部（8 人）：行政部經理 1 名、行政助理 2 名、行政文員 2 名、司機 2 名、接線員 1 名。

3. 財務部（4 人）：財務部經理 1 名、出納 1 名、財務文員 1 名。

4. 人力資源部（4 人）：人事經理 1 名、薪酬專員 1 名、招聘專員 1 名、培訓專員 1 名。

5. 銷售一部（19 人）：銷售一部經理 1 名、銷售組長 3 名、銷售代表 12 名、銷售助理 3 名。

6. 銷售二部（13 人）：銷售二部經理 1 名、銷售組長 2 名、銷售代表 8 名、銷售助理 2 名。

7. 開發一部（19 人）：開發一部經理 1 名、開發組長 3 名、開發工程師 12 名、技術助理 3 名。

8. 開發二部（19 人）：開發二部經理 1 名、開發組長 3 名、開發工程師 12 名、技術助理 3 名。

9. 產品部（5 人）：產品部經理 1 名、營銷策劃 1 名、公共關係 2 名、產品助理 1 名。

C. 人員招聘計劃

1. 招聘需求

根據 2004 年職務設置與人員配置計劃，企業人員總人數應為 96 人，而到目前為止只有 83 人，還需要補充 13 人，具體職務和人數如下：開發組長 2 名、開發工程師 7 名、銷售代表 4 名。

2. 招聘方式

開發組長：社會招聘和學校招聘。

開發工程師：學校招聘。

銷售代表：社會招聘。

3. 招聘策略

社會招聘主要通過在《人才市場報》上發佈招聘廣告、參加人才交流會或網上招聘等三種形式。

學校招聘主要通過應屆生洽談會，準備在 2004 年第一季度開展在學校舉辦招聘講座、發佈招聘廣告、網上招聘等四種形式。

4. 招聘從事政策

⑴本科生

①待遇：轉正後待遇××××元，其中基本薪資××××元、住房補助×××元、社會保險金×××元左右(養老保險、失業保險和醫療保險等)。試用期基本薪資××××元，工作滿半月後有住房補助。

②考取碩士研究生後本錄用合約自動解除。

③試用期三個月。

④簽訂一年工作合約。

⑵碩士研究生

①待遇：轉正後待遇××××元，其中基本薪資××××元、住

房補助×××元、社會保險金×××元左右(養老保險、失業保險和醫療保險等。)試用期基本薪資××××元，工作滿半月後有住房補助。

②考取博士研究生後本錄用合約自動解除。

③試用期三個月。

④企業資助員工攻讀在職博士。

⑤簽訂不定期工作合約，員工來去自由。

⑥成為骨幹員工後，可享有企業股份。

5. 風險預測

⑴由於優秀的本科生考研的比例很大，所以在招聘時，應儲備候選人員。

⑵由於電腦專業研究生願意留在本市的較少，所以研究生招聘將非常困難。

D. 人事政策調整

1. 薪酬福利政策調整

經總經理提議，董事會批准，2004 年 1 月起增加員工工齡津貼，為企業連續服務每滿一年的每月增加×××元工齡津貼。2004 年起能完成半年度生產、銷售和利潤目標的，企業將組織員工春遊、秋遊各一次，費用為每人×××～×××元，視完成利潤情況決定。

2. 招聘政策調整

自 2004 年起，內部員工推薦中、高級人才，經企業考核錄用為正式員工的，每成功一名，獎勵推薦員工×××元。招聘住處張榜公佈，希望全體員工積極參與。

2003 年開發人員實行了面試和筆試相結合的考查辦法，取得了較理想的結果。2004 年首先要完善非開發人員的選擇程序，加強非智力因素的考查。另外在招聘集中期，可以採用「合議制面試」，即總經理、主管副總經理、部門經理共同參與面試效率。

3. 考核政策調整

廢除企業原有的考核成績居末位員工提前終止勞動關係的條例，調整為考核不合格則提前終止勞動關係的新條例，目的是使考核更能夠反映員工實際工作表現。

建立部門經理對下級員工做書面評價的制度，每季度一次，讓員工及時瞭解上級對自己的評價，發揚優點、克服缺點。建立考核溝通制度，由直接上級在每月考核結束時進行溝通。

2004 年加強對考核組人員的專業培訓，減少考核誤差，提高考核的可靠性和有效性。在開發部試行「標準量度平均分佈考核方法」，使開發人員更加明確自己在開發團隊中的位置。

4. 員工培訓政策調整

2004 年起新入職員工上崗培訓，除了制度培訓之外，增加崗位操作技能培訓和安全培訓，並實行筆試考試。考試合格方可上崗。

2004 年起管理培訓由人力資源與專職管理人員合作開展，不聘請外部的專業培訓人員。該培訓分管理層和員工兩個部份，重點對現有的管理模式、管理思路進行培訓。

2004 年起為了激勵員工在業餘時間參加專業學習培訓，經企業審核批准，凡願意與企業簽訂一定服務年限合約的，企業予以報銷部份或全部培訓學費。

E. 人力資源的預算

1. 招聘費用預算

⑴招聘講座費用：計劃對本科生和研究生各進行 4 次講座，共 8 次。每次費用×××元，共計××××元。

⑵交流會費用：參加交流會 4 次，每次平均××××元共計××××元。

⑶宣傳材料費：××××元。

⑷報紙廣告費：××××元。

2. 培訓費用

2003 年實際培訓費用×××××元按 20%遞增，預計 2004 年培訓費用約為×××××元。

3. 員工薪資預算

按企業增資每年 5%計算和增加員工 13 人計算，全年薪資支出預算為××××萬元。

4. 員工福利預算

增加春、秋遊費用××萬元(由行政部預算並組織)為員工繳納各種保險費預算為××××萬元。

5. 社會保險金

2004 年保險金共繳納××××××元，按 20%遞增，預計 2004 年保險金總額為××××××元。

第四節　案例：通聯集團人力資源管理計劃

一、案例介紹

通聯集團成立於 1990 年，主要生產電冰箱。由於產品質量好，價格比較低廉，加上管理得力，使得通聯電冰箱很快成為電冰箱主流產品。隨著業務的發展，通聯集團 1997 年開始走多元化經營之路，到 2002 年，先後開發出的主要新產品有洗衣機、微波爐等。

為了集團人力資源的優化發展，公司人力資源部制定了 2003 年度人力資源管理計劃如下：

通聯集團 2003 年度人力資源管理計劃

(一)職務設置與人員配置計劃

根據公司 2003 年發展計劃和經營目標，人力資源部協同各部門制定了公司 2003 年的職務設置與人員配置。在 2003 年，公司將劃分為 8 個部門，其中行政副總負責行政部和人力資源部，財務總監負責財務部，營銷總監負責銷售一部、銷售二部和產品部，技術總監負責開發一部和開發二部。具體職務設置與人員配置如下：

1. 決策層(5 人)：總經理 1 名、行政副總 1 名、財務總監 1 名、營銷總監 1 名、技術總監 1 名。
2. 行政部(8 人)：行政部經理 1 名、行政助理兩名、行政文員兩名、司機兩名、接線員 1 名。

3. 財務部(4 人)：財務部經理 1 名、會計 1 名、出納 1 名、財務文員 1 名。
4. 人力資源部(4 人)：人事經理 1 名、薪酬專員 1 名、招聘專員 1 名、培訓專員 1 名。
5. 銷售一部(19 人)：銷售一部經理 1 名、銷售組長 3 名、銷售代表 12 名、銷售助理 3 名。
6. 銷售二部(13 人)：銷售二部經理 1 名、銷售組長兩名、銷售代表 8 名、銷售助理 2 名。
7. 開發一部(19 人)：開發一部經理 1 名、開發組長 3 名、開發工程師 12 名、技術助理 3 名。
8. 開發二部(19 人)：開發二部經理 1 名、開發組長 3 名、開發工程師 12 名、技術助理 3 名。
9. 產品部(5 人)：產品部經理 1 名、營銷策劃 1 名、公共關係兩名、產品助理 1 名。

(二)人員招聘計劃

1. 招聘需求。根據 2003 年職務設置與人員配置計劃，公司管理層人員數量應為 96 人，到目前為止公司只有 83 人，還需要補充 13 人，具體職務和數量是：開發組長兩名、開發工程師 7 名、銷售代表 4 名。
2. 招聘方式。開發組長：社會招聘和學校招聘；開發工程師：學校招聘；銷售代表：社會招聘。
3. 招聘策略。學校招聘主要通過參加應屆畢業生洽談會、在學校舉辦招聘講座、發佈招聘張貼、網上招聘四種形式。

社會招聘主要通過參加人才交流會、刊登招聘廣告、網上招聘三種形式。

公司的招聘人事政策為：

⑴本科生：

A·待遇：轉正後待遇××××美元，其中基本薪資××××美元，住房補助×××美元，社會保障金×××美元左右(養老保險、失業保險、醫療保險等)。試用期基本薪資××××美元，滿半月有住房補助；

B·考上研究生後協議書自動解除；

C·試用期三個月；

D·簽訂三年工作合約。

⑵研究生：

A·待遇：轉正後待遇××××元，其中基本薪資××××元，住房補助×××元。社會保險金×××元左右(養老保險、失業保險、醫療保險等)。試用期基本薪資××××元，滿半月有住房補助；

B·考上博士後協議書自動解除；

C·試用期三個月；

D·公司資助員工攻讀在職博士；

E·簽訂不定期工作合約，員工來去自由；

F·成為公司骨幹員工後，可享有公司股份。

□風險預測。

⑴由於今年本市應屆畢業生就業政策有所變動，可能會增加本科生招聘難度，但由於公司待遇較高並且屬於高新技術企業，可以基本回避該風險。另外，由於優秀的本科生考研的比例很大，所以在招聘時，應該留有候選人員。

⑵由於電腦專業研究生願意留在本市的較少，所以研究生招聘將

非常困難。如果研究生招聘比較困難，應重點通過社會招聘來填補「開發組長」空缺。

(三)選擇方式調整計劃

1999 年，對開發人員選擇實行了面試和筆試相結合的考查辦法取得了較理想的結果。

2003 年首先要完善非開發人員的選擇程序，並且加強非智力因素的考查，另外，在招聘集中期，可以採用「合議制面試」，即總經理、主管副總、部門經理共同參與面試，以提高面試效率。

(四)績效考評政策調整計劃

1995 年，已經開始對公司員工進行了績效考評，每位員工都有了考評記錄。另外，在 1999 年對開發部進行了標準化的定量考評。在今年，績效考評政策將做以下調整：

⑴建立考評溝通制度，由直接上級在每月考評結束時進行考評溝通。

⑵建立總經理季度書面評語制度，讓員工及時瞭解公司對他的評價，並感受到公司對員工的關心。

⑶在開發部試行「標準量度平均分佈考核方法」，使開發人員更加明確自己在開發團隊中的位置。

⑷加強考評培訓，減少考評誤差，提高考評的可靠性和有效性。

(五)培訓政策調整計劃

公司培訓分為崗前培訓、管理培訓、崗位培訓三部份。崗前培訓在 1994 年已經開始進行，管理培訓和技能培訓從 2003 年開始由人力資源部負責。在今年，培訓政策將做以下調整：

⑴加強崗前培訓。

⑵管理培訓與公司專職管理人員合作開展，不聘請外面的專業培訓人員。該培訓分成管理層和員工兩個部份。重點對公司現有的管理模式、管理思路進行培訓。

⑶技術培訓根據相關人員申請進行。採取公司內訓和聘請培訓教師兩種方式進行。

(六)人力資源預算

□招聘費用預算。

⑴招聘講座費用：計劃本科生和研究生各 4 個學校，共 8 次。每次費用×××元，預算××××元。

⑵交流會費用：參加交流會 4 次，每次平均×××元，共計××××元。

⑶宣傳材料費：××××元。

⑷報紙廣告費：××××元。

□培訓費用。1999 年，實際培訓費用×××××元，按 20%的比例遞增，預計今年培訓費用約為×××××元。

□社會保障金。1999 年，社會保障金共繳納×××××元，按 20%遞增，預計今年社會保障金總額為×××××元。

二、案例分析

人力資源規劃是一個連續的計劃過程，它包括以下幾個方面：

與組織的總體計劃有關的人力資源計劃目標、任務的說明。

有關人力資源管理的各項政策策略及其有關說明。

內部人力資源的供給與需求預測，外部人力資源情況與預測。

人力資源淨需求。人力資源淨需求可在人力資源需求預測與人力資源(內部)供給預測的基礎上求得，同時還應考慮到新進人員的損耗。通常有兩類人力資源淨需求：一類是按部門編制的淨需求；另一類是按人力資源另編制的淨需求。前者可表明組織未來人力資源計劃的大致情況，後者可為後續的業務計劃使用。

本案例提出一個很典型的人力資源計劃方案，對相關的人力資源工作做出全面部署，內容完整、具體。從中可以看出，由於人員招聘是人力資源部新年度的工作重點，所以，計劃中的「人員招聘計劃」部份最為詳細。

需要注意的是，人力資源管理計劃只是人力資源部門的一個年度工作計劃，所以對每一項工作只能言簡意賅地進行描述，不可能非常詳盡。

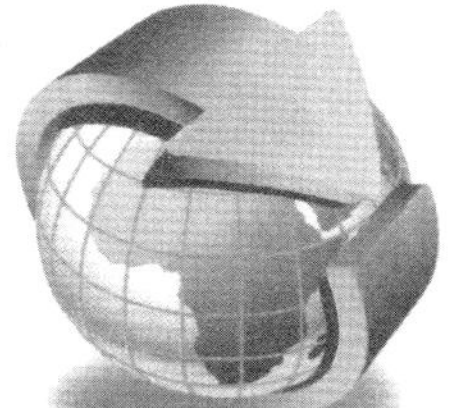

第4章 人事經理的職位分析工作

第一節　工作分析

一、工作分析的涵義

很多人認為工作分析的結果就是職位說明書，其實這是對工作分析的一種誤解。

工作分析(Job Analysis)又稱職務分析，是指分析者採用科學的手段與技術，全面瞭解、獲取與職務有關的詳細資訊，為組織特定的發展戰略、規劃，為人力資源管理以及其他管理行為服務的一種活動。具體來說，是對組織中某個特定職務的工作內容和職務規範(任職資格)的描述和研究過程，即制定職位說明書和職務規範的系統過程。通過工作分析應該明確：

⑴工作任務是什麼？

⑵工作職責是什麼？

⑶該工作應何時完成？

⑷該工作在何處完成？

⑸員工如何完成工作任務？

⑹為完成工作任務員工應該具備何種知識、技能、能力和其他資格？

工作分析涉及兩個方面的工作：一是工作本身，即工作崗位的研究。要研究每個工作崗位的目的，該崗位所承擔的工作職責與工作任務，以及它與其他崗位之間的關係等。二是人員特徵，即任職資格的研究。研究能勝任該項工作並完成目標的任職者必須具備的條件與資格，比如工作經驗、學歷和能力特徵等。

工作分析是人力資源管理的常規性工作。組織要根據工作目標、業務流程、組織戰略和市場環境的變化，對工作做出相應的動態調整使責、權、利達到一致。

二、工作分析的作用

工作分析對於人力資源管理具有非常重要的作用。美國心理學會《標準》(1985 年)指出：「職務分析為確定職務內容提供了主要依據。」具體地說，工作分析有以下幾個方面的作用，如圖 4-1-1 所示。

⑴選拔和任用合格的人員。通過工作分析，能夠明確地規定工作職務的近期和長期目標；掌握工作任務的靜態和動態特點；提出有關人員的心理、生理、技能、文化和思想等方面的要求，選擇工作的具體程序和方法。在此基礎上，確定選人用人的標準。有了明確而有效的標準，就可以通過心理測評和工作考核，選拔和任用符合工作需要和職務要求的合格人員。

圖 4-1-1　工作分析的作用

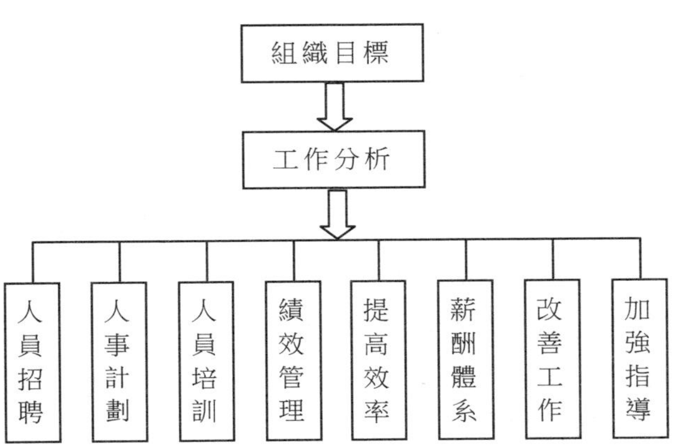

⑵制定有效的人事預測方案和人事計劃。每一個單位對於本單位或本部門的工作職務安排和人員配備，都必須有一個合理的計劃，並根據生產和工作發展的趨勢做出人事預測。工作分析的結果，可以為有效的人事預測和計劃提供可靠的依據。在職業和組織面臨不斷變化的市場和社會要求的情況下，有效地進行人事預測和計劃，對於企業和組織的生存和發展尤其重要。一個單位有多少種工作崗位，這些崗位目前的人員配備能否達到工作和職務的要求，今後幾年內職務和工作將發生那些變化，單位的人員結構應作什麼相應的調整，幾年甚至幾十年內，人員增減的趨勢如何，後備人員的素質應達到什麼水準等問題，都可以依據工作分析的結果做出適當的處理和安排。

⑶設計積極的人員培訓和開發方案。通過工作分析，可以明確從事的工作所應具備的技能、知識和各種心理條件。這些條件和要求，並非人人都能夠滿足和達到，必須經過不斷培訓，不斷開發。因此，可以按照工作分析的結果，設計和制定培訓方案，根據實際工作要求

和聘用人員的不同情況，有區別、有針對性地安排培訓內容和方案，以培訓促進工作技能的發展，提高工作效率。

⑷提供考核、升職和作業的標準。工作分析可以為工作考核和升職提供標準和依據。工作的考核、評定和職務的提升如果缺乏科學依據，將影響幹部、員工的積極性，使工作和生產受到損失。根據工作分析的結果，可以制定各項工作的客觀標準和考核依據，也可以作為職務提升和工作調配的條件和要求。同時，還可以確定合理的作業標準，提高生產的計劃性和管理水準。

⑸提高工作和生產效率。通過工作分析，一方面，由於有明確的工作任務要求，建立起規範化的工作程序和結構，使工作職責明確，目標清楚；另一方面，明確了關鍵的工作環節和作業要領，能充分地利用和安排工作時間，使幹部和員工能更合理地運用技能，分配注意和記憶等心理資源，增強他們的工作滿意感，從而提高工作效率。

⑹建立先進、合理的工作定額和報酬制度。工作和職務的分析，可以為各種類型的工作確定先進、合理的勞動定額。所謂先進、合理，就是在現有工作條件下，經過一定的努力，大多數人能夠達到，其中一部份人可以超過，少數人能夠接近的定額水準。它是動員和組織員工、提高工作效率的手段，是工作和生產計劃的基礎，也是制定企業部門定員標準和薪資獎勵制度的重要依據。薪資獎勵制度是與薪資定額和技術等級標準密切相關的，把工作定額和技術等級標準的評定建立在工作分析的基礎上，就能夠制定出比較合理的報酬制度。

⑺改善工作設計和環境。通過工作分析，不但可以確定職務的任務特徵和要求，建立工作規範(Job specification)，而且可以檢查工作中不利於發揮人們積極性和能力的方面，並發現工作環境中有損於工作安全、加重工作負荷、造成工作疲勞與緊張以影響社會心理氣

氛的各種不合理因素。有利於改善工作設計和整個工作環境，從而最大程度地調動工作積極性和發揮技能水準，使人們在更適合於身心健康的安全舒適的環境中工作。

(8)加強職業諮詢和職業指導。工作分析可以為職業諮詢和職業指導提供可靠和有效的資訊。職業諮詢和指導是勞動人事管理的一項重要內容。

三、工作分析的實施步驟

工作分析的實施一般採取五個步驟，如下圖所示。

圖 4-1-2　工作分析的五步驟

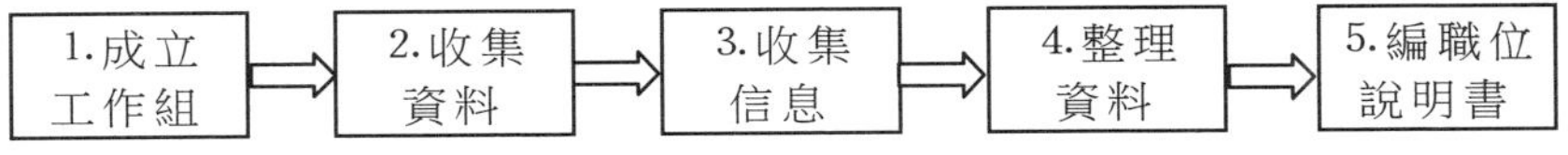

1. 成立工作分析的工作組

工作分析工作組包括數名人力資源專家和多名工作人員。工作組首先需要對工作人員進行工作分析技術的培訓，制定工作計劃，明確工作分析的範圍和主要任務。同時，配合組織做好員工的思想工作，說明工作分析的目的和意義，建立友好的合作關係，使員工對工作分析有了良好的心理準備。

其次，工作組還要確定工作分析的目標和設計職位調查方案。先確定工作分析所獲得資訊的使用目的。工作組對資訊調查的方案進行設計，根據不同組織的特定情況，採用不同的調查方案和方法。如把工作分析的任務和程序分解為若干工作單元和環節，就更有利於工作分析的完成。

2. 收集與工作分析相關的資訊

工作分析所需資料包括：企業組織結構圖、生產狀況、各部門的工作流程圖和各崗位辦事細則等。

組織已有的「定崗、定編、定員」的具體規章制度能幫助工作分析人員進行有效的定崗工作，即對組織當前所有部門的崗位進行清理。在此資訊的幫助下，通過與該組織的人力資源管理部門工作人員進行討論，分析人員能夠清楚瞭解組織各部門的崗位，以及各崗位上的人數和大致的工作職責，並可用一個標準的職位名稱來規範各崗位。

3. 收集工作分析的資訊

職位調查為正確地編寫職位說明書提供依據。為了成功地完成工作分析，需要大量的資料與資訊。而這些又取決於工作分析的性質、目的與用途。一般來說，工作分析所需的資訊包括工作活動、員工的行為資訊、工作中使用的設備、績效標準（數量與質量）和人員條件等。

在資訊收集中，一般可靈活運用訪談、問卷、實地觀察等方法來得到有關職位工作的各種數據和資料。職位調查是工作分析中十分必要的準備工作，它的真實程度以及準確性，直接關係到工作分析的質量。

4. 整理和分析所得的工作分析

工作分析並不是簡單機械地積累工作的資訊，而是要對各職位的特徵和要求做出全面說明，在深入分析和認真總結的基礎上，創造性地揭示出各職位的主要內容和關鍵因素。整理和分析過程應該包括以下三個措施：

(1)整理訪談結果和調查問卷，剔除無效的訪談資訊和調查問卷，並按照編寫職位說明書的要求，對各個職位的工作資訊進行分類。

⑵把初步整理的資訊讓在職人員以及他們的直接主管進行核對，以減少可能出現的偏差，同時也有助於獲得員工對工作分析結果的理解和接受。

⑶修改並最終確定所收集的工作資訊的準確性和全面性，作為編寫職位說明書的基礎。

第二節　職位說明書

職位說明書(Job Specifications)是由工作說明和工作規範兩部份組成。工作說明是對有關工作職責、工作內容、工作條件以及工作環境等工作自身特性等方面所進行的書面描述。而工作規範則描述了工作對人的知識、能力、品格、教育背景和工作經歷等方面的要求。

職位說明書一般由人力資源部統一製作、歸檔並管理。然而，職位說明書的內容並不是一成不變的。實際工作中，組織內經常出現職位增加或撤銷的情況，更普遍的情形是某項工作的職責和內容出現變動。每一次工作資訊的變化都應及時記錄在案，並迅速調整職位說明書。在這種情況下，一般由職位所在部門負責人向人力資源部提出申請，並填寫標準的職位說明書修改表，由人力資源部據此對職位說明書做出相應的修改。

有時，職位說明書和工作規範書分成兩份文件來寫，有時則合併在一份職位說明書中。如表 4-2-1 和表 4-2-2 為某公司職位說明書。

表 4-2-1　職位說明書的主要內容

項目	詳細描述
職位基本資訊	職位基本資訊也稱工作標識，包括職位名稱、所在部門、直接上級、定員、部門編碼、職位編碼
工作目標與職責	重點描述從事該職位的工作所要達到的工作目標，以及該職位的主要職責和許可權等
工作內容	詳細描述該職位所從事的具體工作，並全面、詳盡地寫出完成工作目標所要做的每一項工作。包括每項工作的綜述、活動過程，工作聯繫和工作許可權。
工作的時間特徵	在流水線上可能需要三班倒；在高科技企業需要經常加班；建築施工人員經常出差，一般管理人員則正常上下班等
工作完成結果及建議考核標準	反映該職位完成的標準，以及如何根據完成工作情況進行考核，具體內容通常與該組織的考核制度相結合

續表

項目	詳細描述
教育背景	從事該職位目前應具有的最低學歷要求。在確定教育背景時應考慮，如果讓一位新員工任職工作，他最低應是什麼學歷，而不一定是當前在職員工的學歷
工作經歷	反映從事該職位之前，應具有的最起碼的工作經驗要求。相關的知識經驗背景；本組織內部的工作經歷要求，尤其針對組織中的中、高層管理職位，在擔任這些管理職位之前，通常要求在組織其他職位上工作過或對其他職位的工作有一定瞭解，才可能勝任該職位
專業技能、證書與其他能力	主要反映從事該職位應具有的基本技術和能力。某些職位對專業技能要求較高，沒有此項專業技能就無法開展工作，比如「投資部主管」，如果沒有證券、財務會計等相關基礎知識以及金融政策法規知識，就根本無法開展工作。而相比之下另一些職位則對某些能力要求更為明確，比如「市場部主管」職位，要求具有較強的公關能力、語言表達能力
專門培訓	反映從事該職位前，應進行的基本的專業培訓，否則將不允許上崗或不能勝任工作。具體是指員工在具備了教育水準、工作經歷、技能要求之後，還必須經過那些方面的培訓
體能要求	對於體力勞動型的工作，這項非常重要

表 4-2-2 出納職位說明書(安力有限公司職位說明書)

一、基本資料

1、職務名稱：出納員	2、直接上級：財務經理
3、所屬部門：財務中心	4、薪資等級：C 系列四等
5、薪資水準：	6、分析日期：05.04
7、轄員人數：	8、定員人數：1 人
9、工作性質：服務人員	10、分析人員：

二、工作內容

1、工作概要：主要負責公司日常的現金收支管理、現金日記賬管理、公司薪資及福利核算，費用的統計及分析

2、職務說明(逐項說明工作任務、職責、許可權、時間消耗)

編號	工作內容及職責	許可權	耗時(%)
①	認真執行現金管理制度	執行	
②	嚴格執行庫存現金限額，本公司現金限額為××××元,超過部份必須及時送存銀行，不得以借條抵沖現金	負責	
③	建立、健全現金的記賬、銀行存款日記賬，嚴格審核現金收付憑證，現金必須做到日清月結，銀行存款必須每日編制調節表。	負責	
④	嚴格支票管理制度，對支票收、領，建立支票收領取單，經業務部門主管、總會計師、總經理簽字後方可到財務中心辦理手續。	負責	

續表

⑤	協助總會計師編制每日資金流量表，銀行存款調節表。	協助	
⑥	總會計師交辦的其他各項工作。	執行	
⑦	公司薪資及福利核算，費用統計分析。		

3、工作關係		
所施監督	在規定的許可權內，自行處理有關工作。遇重要的事情，須請示主管。	
所受監督	受部門主管的監督	
職位關係	可直接升遷的職位	部門經理
	可相互轉換的職位	會計、信用管理、比價員、出納
	可升遷至此的職位	

三、任職資格			
所需學歷及專業	最低學歷	專業	其他說明
	大專或同等學歷	會計	其他專業同等學歷也可
需技能培訓(方可上崗)	培訓時間	培訓科目	
	三個月	出納知識、會計、企業文化	
所需經驗	一年以上相關工作經驗，有會計或經濟管理初級以上專業職稱		

一般能力	項目	激勵能力	計劃能力	人際關係	協調能力	實施能力	資訊能力	公共關係	衝突管理	組織人事	指導能力	領導能力	溝通能力
	需求程度(滿分為5分)	3	3	3	3	3	3	3					3

續表

<table>
<tr><td>基本素質</td><td colspan="2">· 認同公司的企業文化和經營理念
· 為人正直，作風正派，自律能力強，有很強的團隊合作精神
· 嚴格遵守公司各項規章制度</td><td>個性特徵</td><td colspan="2">1、有責任心
2、性格沉穩、辦事老練
3、善於協調、善於溝通
4、細緻、耐心
5、心胸開闊</td></tr>
<tr><td colspan="6">體能要求：
身體健康，能承受快節奏、滿負荷的工作，能保證隨時加班</td></tr>
<tr><td colspan="6">四、工作場所</td></tr>
<tr><td colspan="2">工作時間</td><td colspan="2">工作環境和條件</td><td colspan="2">工作均衡性</td></tr>
<tr><td colspan="2">早 9：00～晚 5：30
經常加班</td><td colspan="2">室內</td><td colspan="2">比較忙碌</td></tr>
<tr><td colspan="6">五、考核標準</td></tr>
<tr><td colspan="6">1. 工作績效：①工作質量 ②工作數量
2. 工作態度 3. 工作能力 4. 專業知識 5. 責任心
6. 發展潛力 7. 企業文化 8. 協調合作 9. 品德言行 10. 成本意識
從這十個方面來考核</td></tr>
<tr><td colspan="6">六、備註</td></tr>
<tr><td colspan="6"></td></tr>
</table>

直接上級：　　　　　　　　　　該職務執行人：

年　月　日

第三節　案例：新聯資訊公司職位分析

一、案例介紹

新聯資訊公司成立於 1999 年，是一家高新技術企業。目前，公司有 16 個部門，250 多名員工。各個部門的經理主要是通過外部招聘，或是內部重組時的人員調配而來，管理經驗豐富。員工的年齡也比較年輕，知識層次比較高。

由於企業目前正處於高速發展期，在各方面也暴露出不少問題：

1. 人員工作緊張。由於公司業務的不斷擴張，使得人員非常緊張，各部門存在一人兼多職現象。

2. 部門間職責不清。作為一個新企業，僅 2001 年上半年公司組織結構就調整過 3 次。因時間倉促，導致部門之間職責劃分不清，工作互有重疊，不時出現互相推諉的現象。

3. 薪資制度也不規範。高新技術行業以前是高薪資領域。近來薪資也略有調整，以適應競爭。公司擬通過規範薪資制度，進一步調動員工積極性。

針對上述問題，公司主管決定通過諮詢有關專家，明確各個部門的職責。專家小組通過走訪大量的員工，對公司的各種文獻資料進行詳細分析。最後，專家認為，上述弊端的根源在於缺乏完備的工作分析。通過與公司高層的溝通，決定採用工作日志、職位分析問卷和現場觀測的形式，制定職位說明書。即首先明確每一個崗位的職責、任職資格、工作性質和範圍、崗位目標。

為此，專家和各個部門經理一起探討部門的崗位設置，力求科學合理。在確定崗位後，開始發動全體員工對確定的崗位進行描述，在專家指導下制定職位說明書。通過職位說明書，明確了部門中每位員工的職責許可權及所需資格條件。

以下是營銷部經理職務說明書。它主要包括職位基本資訊、職位設置的目的、在組織中的位置、工作職責及衡量標準、任職資格要求、工作特徵等。

新聯資訊公司營銷部經理職務說明書

1. 職位基本資訊：

職位編號：200139

職位名稱：營銷部經理

直接主管上級：公司副總裁

直接下屬人數：5

工作分析員：張岩

分析時間：2001 年 6 月 13 日

2. 職位設置目的：

合理、有效地利用公司各方面的資源，制定營銷戰略、新產品開發戰略、目標市場戰略，促進公司總目標的實現。

3. 該職位在公司中的位置：

圖 4-3-1　組織結構圖

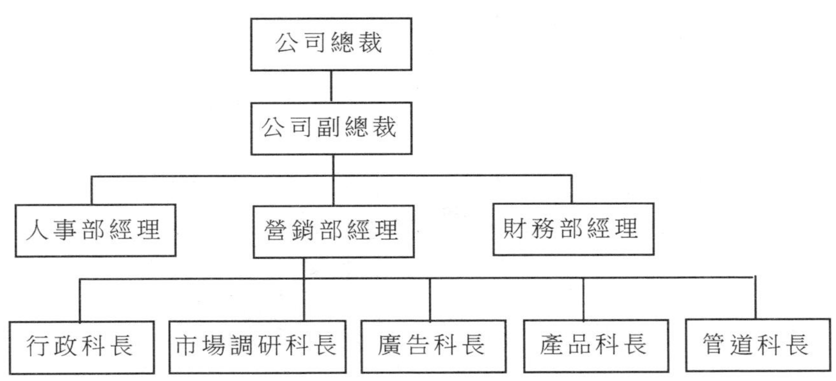

4. 崗位職責及評價標準（見表 4-3-1）

表 4-3-1　崗位職責及評價標準

崗位職責	評價標準
開展市場調查，及時向公司決策層提供簡明扼要、有價值的市場訊息和應對市場變化的策略建議	新產品開發數量 建議採納的數量
根據調查研究資訊和公司整體發展戰略，協同公司制定細緻週密的市場營銷戰略、新產品開發戰略、目標市場戰略	產品銷售 產品的市場佔有率 顧客滿意度
通過技術交流、推廣活動、廣告策劃宣傳等活動，迅速提高公司產品的知名度和美譽度，促進公司產品銷售和市場拓展	
安排、協調、指導和監督部門成員的工作，激勵員工工作積極性	員工滿意度
協調公司各部門的關係	
協調公司外部有關單位的關係，如行業主管部門、媒體、廣告公司、行業協會、代理商等	

5. 任職資格要求(見表 4-3-2)：

表 4-3-2 任職資格要求

所學專業	企業管理、MBA、市場營銷等相關專業
學歷	至少大學本科畢業
經驗	相關工作經驗兩年，在外國企業或國有大中型企業工作過的優先
電腦水準	熟練操作常用辦公軟體，熟悉專業軟體 SPSS
外語水準	口語流利，能讀懂專業文獻
寫作能力	具有較強的文字表達能力
職位培訓	每年 3 月份定期培訓一次，時間為 15 天，培訓內容主要有市場調查研究方法、品牌管理方法、產品知識、廣告知識、促銷知識等
其他要求	具有較強的學習能力、創新能力、協調和溝通能力，極強的分析判斷能力，較強的進取心、責任心，團隊工作意識，身體健康

6. 工作特徵(見表 4-3-3)：

表 4-3-3 工作特徵

工作均衡性	經常有忙閑不均現象，並且沒有明顯的規律性
工作地點	需要經常外出，外出時間約佔工作總時間的 40%
緊張程度	工作節奏比較快，強度比較高

任職者簽名：　　日期：　年　月　日

直接主管簽名：　　日期：　年　月　日

公司總裁簽名：　　日期：　年　月　日

令專家和公司管理層驚訝的是，在職位說明書擬就後，薪資、考核制度尚未制定和實施，管理層和員工的積極性和工作的順暢程度就很快有了很大的提高。

通過這次改革，首先明確了各部門、各崗位職責，有效地解決了部門職責重疊現象，當然也包括互相推諉的現象，同時也為公司的未來發展奠定了堅實基礎。該公司目前比較大的問題就是人員緊張，而這次諮詢得到的職位說明書為企業未來招聘奠定了基礎，設立了規範的任職資格，方便了人力資源部的招聘工作。

在整個過程中，員工參與諮詢，管理層高度重視，加上規範和專業化的操作，職位說明書現在已成為員工守則的一部份，員工戲稱為工作的「基本法」。

二、案例分析

職位說明書在企業管理中的作用十分重要，不但可以幫助任職人員瞭解其工作，明確其責任範圍，還為管理者的決策提供參考。在編寫職位說明書時，要注意以下幾點：

1. 清楚。工作描述應當清楚地說明職務的工作情況，文字要精煉，一崗一書，不能雷同。

2. 指明範圍。在界定職位時，要確保指明工作的範圍和性質。此外，還要把重要的工作關係也包括進來。

3. 文件格式統一，參照典型職務描述書編寫樣本。

4. 職務說明書的詳略與格式不盡相同。通常情況下，組織中較低級職位的任務最為具體，職位說明書可以簡短而清楚地描述，而較高層次職位則處理涉及面更廣一些的問題，只能用若干含義極廣的詞句來概括。

5. 說明書可充分顯示工作的真正差異。各項工作活動，以技術或邏輯順序排列，或依重要性，所耗費時間多少順序排列。

職務說明書是用來指導人們如何工作的。規範的職務說明書是組織的巨大財富。因此，職務說明書是工作經驗和教訓的積累，是每一位在崗者用心血凝煉而成的，豐富職務說明書是員工的貢獻和員工能力大小的標誌。

職務說明書不是用來約束人的。從這個意義上講職務說明書更大的作用是激勵人做得更好，是員工的好幫手。

應該說新聯資訊公司營銷部經理職位說明書較好地體現了以上要求。

心得欄 ------------------------------

第 5 章

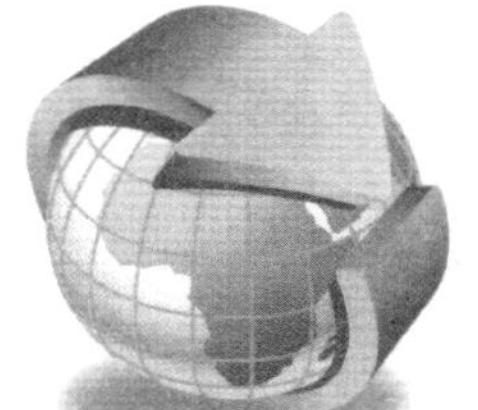

人事經理的人員招聘工作

第一節　人員招募

人員招募是招聘的一個重要環節。招募是指企業為了吸引具有工作能力及工作動機的適當人選，激發他們前來應聘的過程。企業若想僱到適合的員工，必須具備縝密的招募程序與作業，通常情況下，招募的步驟包括：制定招聘計劃、選擇招聘管道、發佈招聘資訊和個人申請。見圖 5-1-1。

依據企業用人部門申報的補充工作人員的崗位、錄用名額、所需人員的資格條件等方面的要求，人力資源部門需在編制定員內制定招聘計劃，其內容包括招聘單位及部門、職位、錄用名額、錄用人員的具體要求等。招聘計劃是把對工作空缺的陳述變成一系列目標，並把這些目標和相關應聘者的數量和類型具體化的工作。

圖 5-1-1　招聘的一般流程

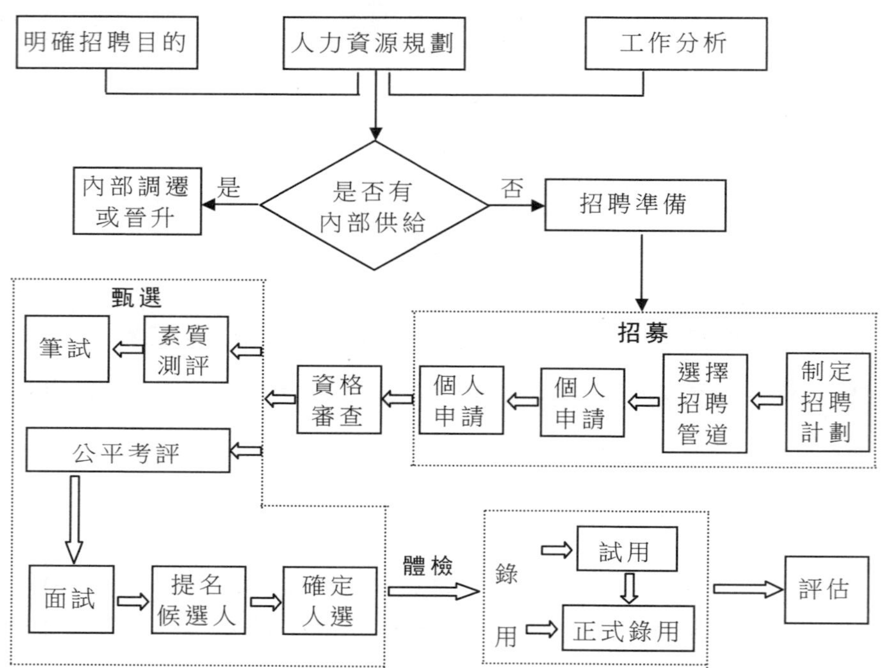

一、制定招聘計劃

1. 招聘計劃制定的前提

招聘計劃的制定有下面兩個前提。

(1)人力資源規劃

招聘活動是企業行為，人力資源規劃中得到的人力資源淨需求預測，決定了預計要招聘的部門、職位、數量、時限、類型等因素。

⑵工作分析

通過工作分析得到的工作說明書和工作規範，為招聘過程中的甄選與錄用提供了主要的參考依據，同時也為應聘者提供了關於該工作的詳細資訊。

2. 招聘計劃的內容與審批

招聘計劃包括以下主要內容。

①招聘的崗位及每個崗位的具體要求。

②招聘人數。所謂招聘人數是指根據錄用名額按一定比例推算出來的候選人的數量。在不同的組織中，這個比例會因招聘程序、招聘方式、招聘途徑的不同而出現差異。在通常情況下，招聘人數往往是實際錄用人數的若干倍。

③招聘方法。

④招聘測試的實施部門。

⑤招聘資訊的發佈時間、方式、管道與範圍。

⑥招聘時間，包括招聘起始與新員工到位時間。

⑦招聘經費預算。除了參與招聘工作有關人員的薪資以外，還需要廣告費、考核費、差旅費、電話費、通信費、文具費等。

招聘計劃由用人部門制定，人力資源部門進行審核，特別是要對人員需求量、費用等項目進行嚴格覆查，簽署意見後交上級進行審批。

二、選擇招聘管道

可供選擇的招聘管道有很多，主要可以分為如圖 5-1-2 所示的幾種。

圖 5-1-2 按管道不同而形成的不同招聘

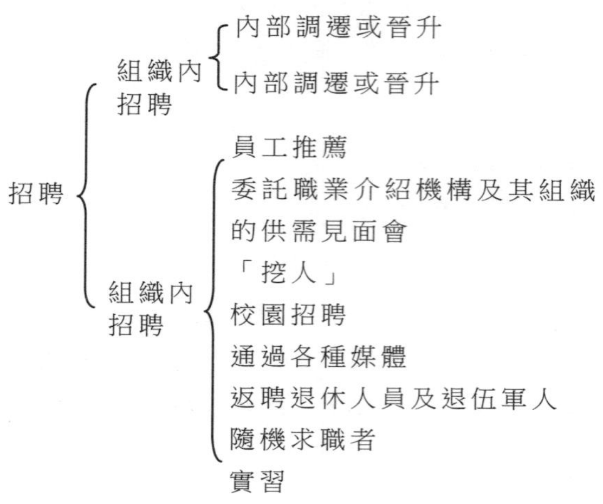

從應聘者的來源看，包括組織內招聘和組織外招聘。其中組織內聘包括內部調遷/晉升和組織內公開競聘兩種。

1. 企業內部招聘

傳統組織的人事工作不注重組織內部人力資源的開發利用，重點是從組織外部尋找人才。現代人力資源管理則注重從組織內部發現、挖掘人才。

(1)企業內招聘的特點

內部招聘具有以下優點。

①為組織內員工提供更多的發展機會，有利於員工職業生涯發展、調動員工的積極性和組織人員的穩定性。

②節約招聘費用，如廣告費、差旅費和被錄用人員的安置費和培訓費。

③簡化招聘程序，節約時間，減少了組織因職位空缺而造成的間

接損失。

④由於對組織內部員工有較充分的瞭解，內部招聘提高了應聘人員資訊的可靠性。

內部招聘具有以下缺點。

①由於人員選擇範圍小，可能選不到最優秀的人員到崗位上。

②可能造成「近親繁殖」的弊病。在所有的管理層成員都是通過內部晉升上來的情況下，當需要進行創新的時候，就可能會出現「照章辦事」和維持現狀的傾向。

③內部招聘可能導致條件相當的候選人之間的對立，員工因為支持不同人選而結成不同派系，不利於組織的穩定與團結。

④如果僱員申請了某一職位而未能獲准，需要人力資源部門向其明確解釋原因，以及需要通過何種方式來實現成功，否則應聘失敗會打擊他們的積極性。另外，管理人員可能已明確知道選拔對象，他們還必須要同更多並不被看好的內部候選人面談，這無疑是浪費時間。

⑤當某一僱員群體的新主管是從此群體的同一層級內部提升上來時，大家會普遍感覺不如由外來者擔任此職更令人滿意。

⑵**內部調遷或晉升**

要實現內部調遷/提升制，必須要有幾個前提：一是公司所僱的人員必須有發展的潛力；二是他們應該認同公司的價值觀；三是公司的職業設計相當明確並且有明晰的層次；四是公司必須建立完善的培訓體系，以提升公司僱員的潛力；五是公司的提升制度必須透明化。

寶潔公司是當今為數不多的採用嚴格的內部提升制的企業之一。企業提出「實行從內部發展的組織制度，甄選、提升和獎勵表現突出的員工而不受任何與工作表現無關的因素影響」;「提升取決於員工的工作表現和對公司的貢獻。你個人的發展快慢，歸根結底取決於你的能力和所取得的成績。」

同樣，通用電氣公司從不曾考慮在公司外尋找 CEO。1994 年，公司董事會開始了為期 6 年多的挑選接班人行動。它從以下 3 類人中，初選了具備要求條件的 24 名人選：

①必然人選，包括當時掌管通用電氣最大部門的 7 名主管；

②熱門人選，是最高層主管下表現突出的 4 名主管；

③潛力人選，是位居不同職務，表現引人注目的各級主管。

為了避免候選人彼此視為敵人，員工因為支持不同人選而結成不同派系，董事會極度保密，這 24 名候選人本身也從來不曾被告知他們已被納入考察。而 CEO 韋爾奇交給董事會的個人看法完全由他親自手寫，以防任何資訊外泄。這也是候選人之間至今都還能保持友誼的關鍵。

1997 年，董事會認為他們已經有了足夠的資訊，決定逐漸縮小人選範圍，一直到只剩下 3 名人選，甚至董事們都已經心裏有數最後花落誰家之際，他們仍然不斷進行討論，以充分考慮其他兩名候選人的優點。最後公司對外正式宣佈新 CEO，一切才塵埃落定。

2. 企業外部招聘

企業外招聘包括以下幾種。

⑴員工推薦企業外部潛在應聘者

員工推薦是在高科技企業中比較流行的做法。其優點是：對空缺崗位和企業工作條件有週全的瞭解；推薦可能產生素質較高的候選人；一旦聘用，離職率較低；花費少。缺點是：容易形成非正式組織；選用人員的面較窄；易造成任人唯親的現象。

比爾· 蓋茨號召微軟所有傑出的人才將自己所熟悉的能人推薦到微軟來，微軟不但敞開胸懷接納這些優秀人才，而且給那些推薦傑出人才的員工以優厚的獎金。

微軟所僱的員工，40%是通過員工推薦的，因為忠誠的員工會推薦最好的員工。這些候選人可能是員工自己認識的，也可能僅僅聽說過他的名字。比如，知道了某個人發明創造過某項了不起的技術，或聽說某個人有「電腦怪才」的稱號，就可以把他的名字寄給微軟。這樣的推薦都算數。

為了發現那些隱藏在世界各地的天才人物，微軟對所有員工執行了一項獎勵政策：

- 凡推薦一個研究員、高級研究員和主任研究員，微軟公司將獎勵××××美元；
- 凡推薦一個助理研究員或者工程師，微軟公司將獎勵××××美元。

微軟這一人事制度，以員工信譽為基本前提。任何人在舉薦旁人的時候，需以自己的「信譽」為無形擔保。倘若真有濫竽充數之人，本身極難通過嚴格面試，就算眾多考官全被蒙蔽，「三流」被當做「一流」引進公司，微軟的環境也不能容其永遠濫竽充數。一經發現，即被辭退，推薦者的信譽也會受到影響。

所以，儘管公司鼓勵所有人舉薦親朋，卻沒有人敢胡來。通過這樣的層層把關，能夠闖關奪魁的一定是優秀的人才，而這些優秀人才現在已成為微軟事業的核心層。

⑵**委託職業介紹機構**

勞動力市場、人才市場和其他職業介紹機構掌握著失業人員或高級技術人員與管理人員的情況。很多公司與當地的職業介紹機構關係很密切。

獵頭公司，源於英文的「Head Hunting」，這是二戰以後美國出現的新辭彙。當時美國政府在佔有戰敗國科技資料的同時，還不遺餘力地網羅科技人才。其行動方式是先找到目標，然後再使用各種手段將其「捕獲」，頗似叢林狩獵，由此就有了獵頭的說法。現在，一般指人才仲介公司，他們擅長物色高級管理人才與專業人才，聘用的人員可以立即上崗，效果立竿見影。但是，費用可觀，而且不利於調動本企業員工的積極性。

⑶**從其他公司「挖」人**

企業利用種種手段聘請其他公司的現有人員，主要是關鍵技術人員或高級管理人員。越來越多的大公司在進行人才爭奪戰，在其他公司物色合適人物後設法「挖」人。但一般通過中間人聯絡，成功後付一定的報酬。對於公司的關鍵人物，公司總是千方百計挽留，瞭解其要走的原因，儘量解決他們的問題。公司深知這種人離開公司，不僅對目前工作有損失，更重要的是很可能為本公司樹立強硬的競爭對手。

但是，從其他公司「挖」走關鍵技術人員或高級管理人員，已經引起了一定的法律和道德問題。思科公司在努力聘請競爭對手的行動中，已成為朗訊、阿爾卡特和富士通等幾家公司的訴訟對象，他們一致提出思科公司通過僱傭他們的關鍵技術人員而侵犯他們的商業機密。

⑷**校園招聘**

由於大學校園存在大量具有較高知識水準的年輕候選人，每年各大公司都去高校尤其是各大名校挑選學生，競爭十分激烈。但是，由於學生缺乏實際工作經驗，所以僅限於較低級別的職位。

寶潔公司招聘有個顯著特點——青睞應屆畢業生，很少公開向社會招聘。依照他們的說法就是「應屆畢業生像一張潔白的紙，更容易塗上美麗的色彩。」因此，除了少數確實需要工作經驗和社會關係網路的職位，寶潔寧可招聘剛畢業的、沒有社會經驗的大學生，也不願意招聘在其他企業有相關工作經驗的人員。直接從重點大學甄選優秀應屆畢業生，是寶潔招聘的一項長期基本政策。

在向高校招聘應屆畢業生的過程中，寶潔對招募工作十分用心。它和學校人事主管及教員保持良好的關係，應徵者及在校學生的履歷表都將被仔細過濾。寶潔不僅派高級主管親赴學校演說，其他的營運主管也會參與招聘及面試的過程。

寶潔公司校園招聘通常開始於每年的 11 月並於次年 1 月末結束，主要包括招聘會、申請表領取及填寫、初試、解難能力測試、英文測試和覆試等步驟。

一般來講，招聘應屆畢業生有以下 4 個步驟。

舉行招聘會：招聘計劃一般在年底前確定。如果招聘的是熱門專業，11 月就要與各校的畢業生分配辦公室取得聯繫，瞭解當年的畢業分配政策，並讓他們協助發佈招聘資訊。各校的畢業生分配洽談會一般在 12 月 20 日前後舉行，企業可以有選擇地參加。參會的準備工作一定要細緻，這關係到招聘工作的成敗。如果希望招聘優秀的畢業生，事先要制定出合適的待遇標準。

多方位評價與測試：應屆生一般沒有工作經歷，評價主要依靠學校的學習成績、社會實踐活動和各種測試來預測他的素質、解決疑難問題的水準和潛在的工作能力。而個人的素質由多種要素構成，如圖 5-1-3 所示。

圖 5-1-3　素質洋蔥模型

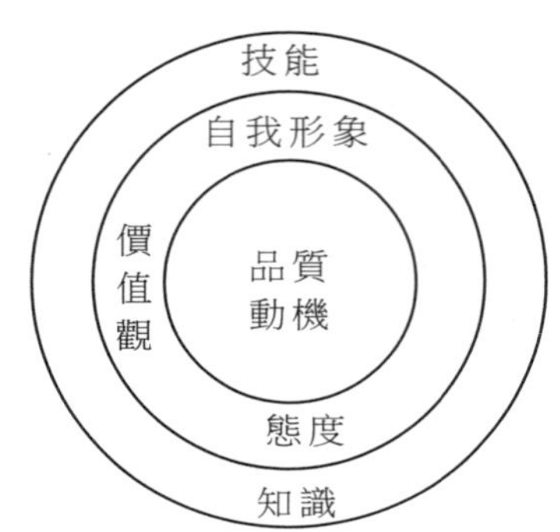

動機：指推動個人為達到一定目標而採取行動的內驅力。動機會推動、指導行為方式的選擇朝著有利於目標實現的方向前進，防止偏離。

品質：指個性對環境與各種資訊所表現出來的一貫反應。品質與動機可以預測一個人在長期無人監督下的工作狀態。

態度、價值觀與自我形象：指個人自我認知的結果。作為動機的反映，可以預測短期內有監督條件下的人的行為方式。

知識：指個人在某一特定領域擁有的事實型和經驗型資訊。

技能：指結構化地運用知識完成某項具體工作的能力，即對某一特定領域所需技術與知識的掌握情況。

其中，只有知識與技能是易於培養與評價的，其他均是後天習得且難以評價的。

畢業設計或論文：應屆畢業生的實習一般從 3 月份開始，至 6

月份結束。有條件的公司可以向學校申請，讓已經與公司簽訂就業協議的學生，選擇與本公司業務相關的課題，進行畢業設計或撰寫論文，並讓該畢業生到公司作課題，這樣可以使學生畢業後能更快地適應工作。需要注意的是，最好能安排技術人員輔導畢業設計的完成。

接轉關係：公司發出錄用通知給本人及學校後，學校一般在 7 月份辦理離校手續。人事部門應協助學生辦理進入公司手續。手續辦理完畢後，公司應及時與其簽訂正式工作合約，並為其辦理各種社會保險。

⑸通過各種媒體招聘

招聘時常用的媒體主要有：報紙、雜誌、廣播、電視、網路等。在招聘活動中，這幾種主要廣告媒介的優缺點比較，如表 5-1-1 所示。

⑹招聘退伍軍人和返聘退休人員

擁有豐富管理和技術經驗的退休人員，及受過良好軍事訓練和擁有專業技能的退伍軍人，也成為各種類型公司爭奪的對象。

據調查顯示，除了大多數體力要求較高的工作之外，與年齡有關的某些變化如生理能力、認知效果以及個性等，對僱員的產出水準都並無太大影響。創造力和智力水準也不會隨著年齡而下降，隨著年齡的增加，缺勤率通常會降低，老年僱員往往比年輕僱員表現出更高的忠誠度，對工作和監督表現較高的滿意度，並且老年僱員可以與年輕僱員一樣有效地接受培訓。

為了吸引老年僱員應聘，公司需要制定彈性的工作時間、靈活的福利、一定的自主性等。

表 5-1-1 幾種主要廣告媒介的優缺點比較

媒體類型	優點	缺點	使用條件
報紙	傳播週期短、廣告大小可變、傳播能集中於特定的地理區域，且分類廣告為求職者提供了方便	競爭較激烈，容易被忽略，沒有特定的讀者群，且大量讀者的意圖集中在閱讀新聞而非求職，所以隨機性比較強，印刷質量一般	只有當想使招聘限於特定區域，且該區域聚集了足夠的就業群體時，使用報紙作為招聘管道才能有效
雜誌	各種專業性雜誌可將資訊傳遞到各職業領域；廣告大小可變，印刷質量好且保存期長，可以不斷重讀	受讀者群限制，在地區傳播上通常不能限定於某一特定區域；廣告的預約期較長	只有當空缺職業是很專業，時間和區域並非是重要因素及需要持續招聘時，選擇雜誌作為招聘管道才較為有利
廣播電視	讓人難於忽略，可傳達到一些並不是很想找工作的人，可以限定於特定區域並且形式上有創新的餘地，可以將招聘加工成一段故事，形象生動，有吸引力	資訊簡短，瞬間即逝，缺乏永久性。應徵者須重覆收看，費時費錢	只有當特定區域裏有足夠的求職人員，又急需大批人員，並在短期內讓這個區域的人迅速知曉時，電視廣告招聘才或許有效果
網路	成本低；信息量大且散佈得廣，無地域、時間限制，求職者可在招募時期內憑藉網路方便快捷地獲得求職資訊；招聘資訊內容豐富；針對性和實用性強	虛假資訊很難控制；接收資訊受到對網路使用程度的影響；求職人員花更多時間在製作簡歷上，招聘人員通過簡歷選人，使一些優秀人才因為簡歷問題而沒有獲得初試的機會	通常網路的使用者為學生及初、中級人才，因此適用於招聘畢業生，初、中級技術及管理人員

以桑頓(Thomton)為首的 10 名卓有才華的年輕軍官組成的「桑頓小組」，是二戰美國空軍的一個統計管理小組，由於對空軍作戰的貢獻而名噪一時。二戰結束後，這群年輕軍官退役時都是二十幾歲的後生，福特把他們全聘到公司來，委以重任。對於福特的這一決策，當時很多人都持反對或懷疑態度，但是福特堅持認才不認年齡，充分發揮出了他們的重要作用。從 20 世紀 40 年代到 60 年代，「桑頓小組」的 10 名成員，先後產生了 4 位公司高級主管，為福特公司的發展立下了汗馬功勞，「桑頓小組」後來被美國報界譽為「神童小子」。其中曾任公司總經理的麥克納馬拉還出任了甘迺迪政府的國防部長。

⑺**對外部隨機求職者的招聘**

隨機地以各種形式到企業主動推銷自己的求職者，是重要的工作候選人管道。調查研究發現有近 11%的人是通過一些非公開的途徑獲得就業機會的，而且這些人員大部份都是專業性特別強的人才。例如模具設計工程師、汽車音響維修人員等，他們主要通過親朋好友的直接介紹，有的根據自己的專業特點瞭解到目前需要的企業後，直接寫信甚至打電話前去應徵，在上述 11%中有 3%竟然是直接登門拜訪企業老總或者人事部經理而最終獲得工作。

⑻**實習**

以大學生(包括研究生)為主的實習員工，成為滿足企業勞動力需求的重要方式。很多公司提供學生暑期實習、畢業實習和兼職實習的機會。尚未畢業的大學生因為沒有工作經驗，渴望得到鍛煉的機會，只要求較少薪資甚至無償做義工；為了吸引、留住那些很有發展潛力的大學生，各個公司在薪資、待遇、辦公環境等方面進行比拼。思科公司甚至還開了對這些尚未畢業的實習生使用股票期權的先河。

三、發佈資訊與個人申請

1. 發佈資訊

選擇合適的招聘管道後，人力資源部門需要及時在該管道範圍內發佈招聘資訊。發佈的資訊應當包括以下內容：公司名稱、公司簡介(適用於外部招聘)、用人部門、招聘形式、招聘職位名稱、人數、工作性質、具體要求(包括學歷、專業、是否需要工作經驗等)、工作地點、招聘期限、聯繫方式等。需要說明的是，由於企業可以通過應聘者自己對申請表和簡歷表的設計來對其進行初步的考察，所以，很多企業不設計統一的申請表和簡歷表，而由應聘者自己設計。但是，沒有找工作經驗的人可能會丟掉諸如應聘職位、個人聯繫方式等重要事項，企業最需要的人才也可能處在其中，所以在發佈招聘資訊時，可以簡單提示有意聯繫者在申請表和簡歷表的必填項目。

招聘資訊的發佈需要遵循以下原則。

⑴及時性原則

一旦確定了招聘管道，就要在該管道範圍內及時發佈招聘資訊，以期早日獲得賢才。

⑵準確性原則

準確的招聘資訊可以從一開始就將不適當的人員篩選出應聘者行列，準確的招聘資訊是應聘者與企業進行交流的基礎，也能起到從一開始就將不適當人員篩選出去的作用。

⑶內容全面與有用兼顧原則

作為公司對外的文本資料，首先不應有冗餘，力爭字句有用；其次，要確保有足夠詳盡的內容，以最大限度地吸引潛在應聘者。

2. 個人申請

在有效的管道上發佈適當的招聘資訊後，人力資源部門會在規定的期限前後收到應聘者的反饋資訊——個人的申請；隨後，人力資源部門需要在一定期限內對這些個人申請資料分類匯總，以備篩選。

第二節　人員甄選

人員甄選是指為了從眾多的應聘者中挑選出那些背景和潛質與空缺崗位所需條件相當的合適人選，對應聘者所進行的系統的審查、測試的過程。

一、人員甄選及其基本程序

(一) 影響因素

人員甄選過程中，受到以下因素的影響。

1. 組織類型：不同類型的組織由於存在目標不同，因而對人力資源甄選的要求不同。

2. 組織等級：為組織中不同等級的職位甄選人員，甄選要求不同。

3. 決策速度：對人才的急需程度、必需的決策速度將影響甄選過程。

4. 應聘者數量：當選擇率(某職位錄用人數/該職位的申請人數)=1 時，人力資源部門沒有選擇餘地，也就談不上甄選。一般地，選擇率越小，可供選擇的甄選方案越多。

5. 試用期：試用期可以代替甄選過程的某些階段，或用於檢驗甄選過程的有效性。

(二)人員甄選流程

人員甄選過程包括 4 個階段：資格審查、測評、確定人選和體檢等，如圖 5-2-1 所示。

1. 資格審查

從挑選個人申請表或簡歷開始，應聘者就已經進入公司的甄選過程。受委託的職業介紹機構或企業人力資源部門負責對申請表或簡歷進行分類，在對各職位應聘者的資格審定後，將篩選結果通知申請者本人，並對進入下一輪測試者，告知測試的時間、地點、方式。

不同的企業招聘不同的職位時，需要審查的資格項目不盡相同；錄用比例越小，資格審查的要求越嚴。在企業有足夠的應聘者備選時，企業會從以下幾個方面入手，對應聘者的申請表或簡歷進行嚴格篩選：

(1)年齡、學歷、工作經驗等內容是否符合招聘要求

對於完全不具備應聘資格或存在很大差距的應聘者，不予參加測評。還有，企業與應聘者在工作地點上是否達成一致。

圖 5-2-1　人員選拔流程

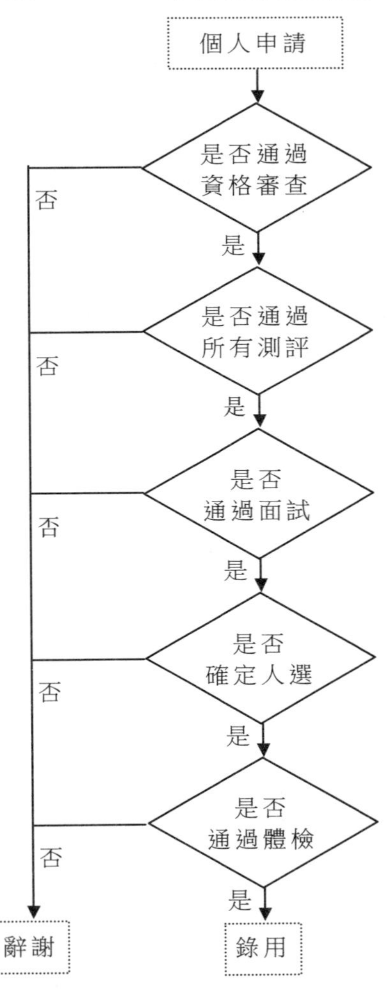

⑵撰寫簡歷的精心程度

應聘者撰寫簡歷的方式、內容、措詞、製作的精心程度等，會成為招聘人員對應聘者的考察項目。簡歷要簡單明瞭，從篇幅上看，最好只有一頁紙，這可以在簡歷中體現出效率原則。

從內容上看，第一部份是應聘者的必要資訊，如：姓名、年齡、性別、戶籍、學歷、專業、聯絡方式等。第二部份是學歷，主要是指大學以上經歷。每一段經歷寫清楚學校名稱、所學專業和起止年份。對於應屆學生，如果在校期間參加過社會活動，可以把能體現個人能力的主要活動列出。第三部份是工作經歷，寫清楚工作單位的名稱、經營性質(不同性質公司的業務操作水準不同，提供這個資訊後，可以很方便地瞭解到應聘者可能受到過的職業訓練，並能判斷其與本公司的文化、業務等是否能較快地接軌)、公司規模、工作起止年份、在工作中承擔的主要內容及個人業績。第四部份是個人愛好、能力及個性特徵。人的愛好大致可分為兩種：一種是純粹消遣性的業餘愛好，另一種是能體現自身素質的愛好。人力資源部門可以通過後一種愛好，比如英語水準、專業技能、擔任過的職務、參與過的社會活動、電腦水準等來對應聘者的素質作出一般的估計。

⑶細節上的甄選

①明確寫出資歷證明人，如曾供職公司的老闆或上司的，說明敢於正視自身走過的歷程。

②未寫應聘職位、將應聘職位寫錯，或將應發到甲公司的信也錯發至乙公司的，屬於性質嚴重的小錯誤，說明應聘者自己對職業規劃甚少。培訓內容羅列較雜，說明應聘者是典型的「萬金油型」的工作人員，也許他自身的職業規劃亦不明確。

③工作以來，所供職的單位之間沒有時間間隔，這種人不是心懷二主，至少也是騎驢找馬。這雖屬求職中的正常狀態，但應具體分析其辭職原因，並區別對待。

④不提待遇的，說明資歷淺或順從性好。

2. 測評

經過資格審查後，進入招聘的第二階段——測評階段，即採用科學合理的測評方法對應聘者進行甄選。一般來說，應試者的測評分數能夠預測他們未來的工作表現，也就是說，測評的分數以一種可預見的方式與工作績效聯繫起來。

關於測評要素的選擇，是在工作分析的基礎上分析當前的僱傭或晉升標準，並選擇在工作中重要的預測因數(如進取心、外向性、數學能力等)。

處於不同行業，具有不同發展戰略、處於不同生命週期、擁有不同企業文化的組織，在招聘不同職位員工時的要求不盡相同。通常，在企業發展初期，招聘策略應尋求與組織高度匹配的員工。因為處在這個時期的組織，特別強調凝聚力和協作精神，而個性、價值觀和態度一致的員工更易形成凝聚力，提高工作效率，從而利於企業的發展壯大。成長期的企業在選聘人才的過程中，除了關注人崗匹配外，更應考察擬聘人員的風格是否與主管相匹配；人才的個性特點是否與擬任職團隊特性相匹配；擬聘人員能否適應企業現狀；擬聘人員對企業文化的認可程度及其價值觀是否與企業匹配等。

3. 確定人選

對於經過資格審查、測評與面試合格者，在作出證明材料的檢查與背景的調查後，管理者就要從剩餘的應聘者中選擇出與應聘職位最匹配的人才，即確定人選。

在確定人選、作出錄用決策時，如果候選人的素質相近，就側重以往工作經驗和潛在能力，尤其是應聘職位所要求的關鍵技能和核心能力；如果候選人的工作能力相近，應選擇工作動機更強者，因為工作動機對今後工作的主動性和積極性具有重要影響；如果實在難以作出決擇，可再測試。

4. 體格檢查

在確定人選後，候選人就可以參加體格檢查，從而確定能否在體力上勝任工作要求。

5. 錄用/辭謝

如果候選人體檢合格，就可下發錄用通知書。對於體檢不合格者，下發辭謝通知書。

二、招聘測試的方法

招聘測試是指在招聘過程中，運用各種科學和經驗方法，對應聘者加以客觀鑑定的各種方法的總稱。人員招聘測試的種類很多，目前有以下幾種。

1. 筆試

通過筆試主要瞭解應聘者是否掌握應聘崗位必須具備的基礎知識和專業知識，以及文字表達和綜合分析能力。筆試的優點是，規模大、花時少、效率高、考試者心理壓力小，所以容易發揮出正常水準，另外成績評定比較客觀，試卷好保存；缺點是，不能考察態度、品德修養和一些能力、技能，如管理能力、口頭表達、技術操作等。一般作為應聘者的初次競爭，成績合格者才能參加下一輪的測試。

2. 面試

面試是招聘者通過與應聘者正式交談，瞭解其業務知識水準、外貌風度、工作經驗、求職動機、表達能力、反應能力、個人修養、邏輯性思維等各項情況的方法。面試的優點是，主考人可以有重點有針對性地發問，從而提高了考察的深度、清晰度，並對應聘者有直觀的印象；缺點是費時、成本較高，評價難於避免主觀印象。一般在資格審查、筆試之後進行。

3. 心理測試

心理測試是運用心理測量技術瞭解被試者智力水準和個性特徵的一種方法。目前，這種方法在西方國家的招聘錄用中使用非常廣泛。測試的內容主要分為 3 大類：智力測試、個性測試和特殊職業能力測試。

⑴ 智力測試

這是對智商 IQ 的測試。一般而言，IQ 分數較高的人，具有較強的學習能力。但有學習能力不等於有良好的學習行為，學習行為還受到非智力因素的影響。在人員甄選過程中，智力測試只能提供一種參考，甄選標準應當是挑選那些擁有與某一職位要求基本相符的智商值的應聘者。智力測試的方法很多，針對個體的有著名的斯坦福-比奈測試、韋克斯勒測試和針對群體的溫德曆克測試，等等。

⑵ 個性測試

這是指對個體的個性特徵(包括氣質、能力、性格)和個性傾向性(包括興趣、態度、信念、價值觀等)進行測試。個性對人與崗、人與組織的搭配非常重要。個性測試的方法主要有個性投射法、主題統覺法、吉爾福德氣質測試法、明尼蘇達多重人格測試法，等等。

⑶ 特殊職業能力測試

這是指對某些特定職業所需能力的測試。如公務員考試所採用的行政職業能力測試；一些職業需要手指的靈活性(打字員、銀行出納員、會計等)可採用美國勞工部編制的「一般能力傾向成套測試」，該套測試包括了手指靈巧度、運動協調、言語能力、數理能力等 9 種職業能力傾向的測試，目前已有中文版，應用效果良好。

心理測試的優點是，可以瞭解被試者外表不易觀察到的內在特性以及量表標準化。缺點是費時、成本較高；測試受到專業技術的限制。一般，主考人應具有心理測量專業資格，在特殊職業或一般職業的招聘需要此項選拔程序時，才加以使用。

4. 情景模擬

這是指根據被試者應聘的職務，編制一套與該職務實際情況相似的測試項目，將被試者安排在模擬的工作情景中處理各種問題，進而對其進行評價的一系列方法。

情景模擬的主要方法有如下幾種。

⑴公文處理

公文一般有文件、備忘錄、電話記錄的上級指示、報告等，被試者根據自己的經驗、知識、能力、性格、風格去處理 5～10 份文件。

⑵談話

包括電話談話、接待來訪者、拜訪有關人士。

⑶無上級小組

主試給出一個與工作有關的題目，讓一組被試者自由討論，從而觀察每個人的主動性、說服力、口頭表達能力、自信心、心理壓力的耐受力、精力和人際交往能力等。

⑷角色扮演

要求被試者扮演一個特定管理角色來處理日常管理問題，側重瞭解一個人的心理素質和潛在能力。

⑸即席發言

給被試者一個題目，讓其稍做準備後發言，以瞭解反應理解能力、語言表達能力、氣質風度及思維發散等素質。

情景模擬法的優點一是可從多角度全面觀察、分析、判斷、評價應聘者，這樣，招聘單位就可能得到最佳人選；二是可以節省大量的培訓費。因為測試的重點是未來任職所需的工作能力，選拔出來的人往往能直接上崗，或只需有針對性的培訓即可上崗。由於該類方法設計複雜，費時耗資，但準確性高，因此只有在招聘高層管理人員時才用。另外是否採用此類方法取決於通過面試瞭解求職者心理與行為的深度，以及有無必要(包括時間、經費)用於這種特定的選拔程序。

各種招聘方法的比較見下表 5-2-1。

表 5-2-1　各種招聘方法比較

	優點	缺點	適用性
筆試	效率高，成績評定較客觀，試卷好保存	不能考察態度、品德和一些能力、技能	對應聘者人數較多時進行初級甄選
面試	考察針對性強，有深度、清晰度，可得到直觀印象	費時、成本較高，難於避免主觀印象	在資格審查、筆試之後，還需要對應聘者進行更深入的考察
心理測試	可瞭解外表不易觀察到的內在特性，量表標準化	費時、成本較高，受到專業技術的限制	特殊職業或一般職業的招聘需要此項選拔程序
情景模擬	考察全面，準確性高，節省培訓費	設計複雜，費時耗資	招聘高層管理人員

三、招聘面試的設計與技巧

有研究表明，80%以上的組織在人員招聘工作中要借助於面試完成。所以，面試的質量往往是人員招聘錄用工作成敗的關鍵。

面試，指通過面試者與應聘者面對面進行口頭資訊溝通來瞭解應聘者素質的方法。面試實質上也是測試的一種，但由於它在人力資源甄選中具有特殊、重要的地位，因此常與其他測試方法分開介紹。

(一)面試的方式

按照不同的劃分標準，面試可以劃分為多種類型。例如，按照面試的結構，可劃分為結構化面試、非結構化面試和半結構化面試；依據面試目的，可劃分為甄選面試、評價面試(以績效評估為目的)；按照面試雙方的人數，可劃分為單獨面試、小組面試和系列面試(每位主試輪流面試)等；按照面試的次序，可劃分為初次面試、再次面試。

1. 結構化面試

指面試人根據事先擬定的面試提綱，按既定順序詢問一系列與招聘有關的問題的面試方法。結構化面試的每個問題都具有一定的目的性，一般包括以下問題。

(1)情景問題

面試人設定一個工作情景，如提出一項工程計劃，請應試者設法完成指定的工作任務。其目的在於通過觀察應試者的反應，考核應試者處理特別情況或解決客觀問題的能力。如應聘教師的人員經常會被要求就某一方面的內容進行試講，就是情景式面試。

⑵工作知識問題

向應聘者提出與工作相關的基本知識問題或專業知識問題。

⑶工作要求問題

向應聘者提出是否接受工作要求的問題。

結構化面試通過固定的、統一的問題表來對應聘者進行面試，增強了面試的客觀性、準確性和可靠性。但是，這種方法缺乏靈活性，過於嚴肅刻板，難以隨機應變，所收集資訊的範圍受到限制，不利於瞭解應聘者的特殊資訊。

2. 非結構化面試

指面試主試者在一定的工作規範指導下，隨機地、不固定地向應聘者提出不同的開放性問題(所謂開放性問題，指以「什麼」、「為什麼」、「那個」等疑問詞為提問的問題)，目的在於給應聘者充分發揮自己能力與潛力的機會，因為主考官所提問題的真實目的往往帶有很大的隱蔽性，所以可看出應聘者的理解能力與應變能力。非結構型面試由於靈活自由，問題可因人而異，所以可得到較深入的資訊。但是這種方法缺乏統一的標準，易帶來偏差，且對主考官要求較高，主考官需要有豐富的經驗與很高的素質。

3. 半結構化面試

指介於結構化與非結構化之間的一種面試方法，即一些問題是固定的，一些問題是隨機的。半結構化面試一般分四個步驟：第一，提問較寬泛、一般的問題，消除應聘者的緊張心情；第二，待應聘者情緒穩定後，提問比較具體的問題；第三，進一步探查應聘者的工作經驗、工作知識、工作能力等；最後，詢問諸如薪資、職位等更細節、更具體的問題。

半結構化面試綜合了結構化面試和非結構化面試的優勢，是實用性比較強的一種面試方法。

（二）面試內容

面試內容要以錄用考試的總體目標及錄用考試計劃為依據。首先確定面試的重點，再依此編制面試提綱。一般來講，面試的重點內容有以下幾個方面。

1. 儀表風度

這是指應試者的體型、外貌、氣色、衣著、行為舉止、精神狀態等。企業經理人員、公關人員、培訓人員等職位，對儀表風度的要求較高。研究表明，儀表端莊、衣著整潔的人，一般做事有規律，注意自我約束，責任心強。

2. 求職動機與工作期望

瞭解應試者為何希望來本單位工作，對那類工作最感興趣，在工作中追求什麼，同時判斷本單位所能提供的職位或工作條件等能否滿足其工作要求和期望。但對此瞭解有時比較困難，因為應聘者往往把真實的動機掩蓋起來。只有通過他的離職原因、求職目的等方面綜合考察才能有較好效果。如應聘者屬於高職低求，離職原因講不清楚或頻繁離職，就必須引起注意。

3. 專業知識

作為對專業知識筆試補充，瞭解應試者掌握專業知識的深度和廣度、其專業知識更新是否符合所要錄用職位的要求。面試對專業知識的考察更具靈活性和深度，所提問題也更接近空缺崗位對專業知識的需求。

4. 工作經驗

一般根據查閱應試者的個人簡歷或求職登記表，作些相關的提問。查詢應試者有關背景及過去工作的情況，以補充、證實其所具有的實踐經驗。

通過工作經歷與實踐經驗的瞭解，還可以考察應試者的責任感、主動性、思維能力、口頭表達能力以及遇事的理智狀況等。個別應聘者提供的工作經歷或社會實踐活動材料可能是虛構的，或者存在不真實成份，面試者只要採用「步步緊逼」的提問方法就可判斷出其真實性。如一個應聘者在應聘材料中稱自己曾經獨立開發過一個財務軟體，面試者可以問他，在設計中遇到了那些問題以及如何解決的。根據應聘者的回答，面試者繼續針對某個細節提問，如果應聘者回答得支支吾吾，基本可以判斷他不誠實，實際上他可能只是該財務軟體的一個輔助開發人員。

5. 工作態度

一是瞭解應試者對過去學習、工作的態度；二是瞭解其對應聘職位的態度。在過去學習或工作中態度不認真，做什麼、做好做壞都無所謂的人，在新的工作崗位也很難會勤勤懇懇、認真負責。

6. 事業心與進取精神

上進心、進取心強烈的人，一般都確立有事業上的奮鬥目標，並為之而積極努力。表現在努力把現有工作做好，且不安於現狀，工作中常有創新。上進心不強的人，一般都是安於現狀、無所事事、不求有功、但求無過，對什麼事都不熱心。

7. 表達能力

面試中應試者是否能夠將自己的思想、觀點、意見或建議順暢地用語言表達出來。考察的具體內容包括：表達的邏輯性、準確性、感染力、音質、音色、音量、音調等。

8. 綜合分析能力

考察面試中應試者是否能對主考官所提出的問題通過分析抓住本質，並且說理透徹、分析全面、條理清晰。

9. 應變能力

即頭腦機敏度，主要考察應試者對所提問題是否迅速準確地理解，並儘快作出回答，而且答案簡練、貼切。借此判斷應試者在將來工作中能否準確地理解上級指令和意圖，以及能否準確判斷所面臨的問題、恰當處理突發事件的能力。

10. 控制能力

自我控制能力對於企業管理人員尤為重要。一方面，在遇到上級批評指責、工作有壓力或是個人利益受到衝擊時，能夠克制、容忍、理智地對待，不致因情緒波動而影響工作；另一方面工作要有耐心和韌勁。

11. 交往能力

在面試中，通過詢問應試者經常參與那些社團活動，喜歡同那種類型的人打交道，在各種社交場合所扮演的角色，可以瞭解應試者的人際交往傾向和與人相處的技巧。

12. 個性特徵

應聘者做事細緻有條理，亦或激情好動，是奸詐懶惰亦或吃苦耐勞，可以請應聘人自我介紹他(她)的優、缺點，在對方應答中獲得答案。

13. 興趣愛好

通過瞭解應聘者休閒時愛從事那些運動，喜歡閱讀那些書籍，喜歡什麼樣的電視節目，有什麼樣的嗜好等，可以知道一個人的興趣與愛好，精力和活力，這對錄用後的工作安排非常有幫助。

（三）面試的技巧

1. 觀察技巧

通過觀察人的外部行為特徵，來評價其內在心理狀態。外部行為特徵主要是語言行為和非語言行為。

語言行為是指一個人的言詞表達，包括言詞表達的邏輯性、準確性、清晰性和感染力。另外，還包括副語言行為，如音質、音量、音調、節奏變化等。對語言行為的觀察可獲得個體的態度、情緒、學識水準、能力、智力等方面的情況。

非語言行為是指一個人的表情和身體動作，包括儀表、風度、手勢、體態變化、眼神、面部表情、身段表情、言語表情和生理反映現象等。心理學研究表明，體態動作常常是瞭解一個人內心的更可靠的線索。所以，招聘面試人員需要具備心理學的基本知識，還要在大量的面試實踐中不斷積累經驗，才能熟練地掌握這門技巧，提高自己的觀察和判斷能力。

2. 提問的技巧

提問不在於多，而在於精。應根據不同的人採用不同的提問方式。提問方式主要有以下幾種。

⑴封閉式提問

如「你在大學學的是人事管理嗎？」對方只能作出是與否的簡單回答。

⑵開放式提問

如「你為什麼要申請這項人事管理工作？」鼓勵被試者作出陳述。

⑶假設性提問

這也是一種開放式提問，只不過是假設一種情況，看其會作出什麼反應，如「顧客罵你，你怎麼辦？」

⑷壓迫性提問

這是測試被試者在壓力情景下的反應，如「過去一年你最大的缺點、錯誤是什麼？」

⑸引導性提問

如「你是否知道公司的一些小道消息？講講看。」可測試保密性、受暗示性等。

3. 提問的目的與重點

根據面試考察的目的來選擇問題的側重點，表 5-2-2 給出各種提問目的與重點的參考。

表 5-2-2　提問目的與重點

提問目的	提問重點
證實工作經驗	主要是針對工作內容的案例性問題
確定求職動機	側重於離職原因、求職目的、對應聘職位的期望等等
測試分析能力	側重於案例、熱點問題等等
測試應變能力	設置能產生壓力的情景

(四) 面試中應注意的問題

1. 控制面試進程

面試時間不宜過長，預先應有一個時間表。甚至在每一方面、每一問題的測試上都要有預定時間，這樣才能對面試進程進行控制。

2. 多問開放式問題

即「為什麼？」「怎麼樣？」目的是讓應聘者多講、多表現。

3. 提問簡明扼要

所提問題要直截了當、語言簡練，有疑問可馬上提出，並及時做好記錄。

4. 不打斷對方談話

不要輕易打斷對方的講話，要等對方回答完一個問題，再問第二個問題。

5. 測試人不要暴露觀點

面試中不要暴露面試者的觀點和想法，不要讓對方瞭解你的傾向並迎合你。

6. 避免主觀印象

主試人容易憑對應聘者的第一印象而武斷地下結論。這有兩種情況：第一種情況是光環效應，即當對應聘者的第一印象很好時，在以後的提問中，無論應聘者回答得如何，都會較高評價；另一種情況則是觸角效應，即當對應聘者的第一印象很差時，在以後的提問中，無論應聘者回答得如何，都會給予較低評價。另外，主試人容易受前一位應聘者的影響，並以此作為標準去衡量後面的應聘者。如果前一位應聘者水準較高，則主試容易對後一位應聘者的評價偏低。如果前一位應聘者水準較低，則主試容易對後一位應聘者的評價偏高。

(五)面試試題精選

面試的主要目的是瞭解應聘者的情況。要做到這一點招聘經理必須讓應聘話。下面是一些典型的面試問題。

啟動面試時可提出如下幾條問題，避開那些具體針對工作要求的實質性問題，這樣會很容易開始談話。

□我們這裏難找嗎？

□你帶簡歷了嗎？

□你是怎麼知道我們企業的？

□你希望從事什麼樣的工作？

□你對未來的老闆有那些期望？

□你的朋友如何評價你？你的老師呢？

□你認為我們企業怎麼樣——規模、行業和競爭地位？

□你為什麼希望換工作？

以下問題幫助招聘經理瞭解應聘者的工作經歷。

□你在×××企業從事×××工作時，主要做那些工作？

□你覺得在這個領域中面對的最大挑戰是什麼？

□談談你過去(或現在)的工作。

□你認為在你所從事的具體工作領域中，獲得成功需要那些條件？

□你以前的工作經驗是否有助於你勝任更高的職位？為什麼？

□對於你的前一份工作，你最喜歡和最不喜歡它的那些方面？

□你過去從事過與你今天應聘的工作崗位相似的工作嗎？如果是，談一談你預計它們有那些共同和不同之處。

□對於你所從事的所有工作，你在那一項工作中最為成功？

□你做過的最重大的項目是什麼？

□你通常每週工作多少小時？

□談談你曾做出過的一項艱難決策。為什麼很難？你學到了什麼？

□你覺得那些基本要素能調動你工作的積極性？

□你在××方面沒有什麼經驗。你打算如何學習一些必要的知識，以圓滿完成任務？

以下問題幫助招聘經理瞭解應聘者的工作能力如何，是否適應職位要求。

□請介紹一下你的職業生涯。

□你認為從你受的教育(或工作)中學到的那些東西最為重要？

□你最主要的合作夥伴如何評價你？

□你最主要的競爭對手如何評價你？

□如果我們聘用了你，你希望看到我們企業實現的三個最高目標是什麼？

□你能為我們做的那些事是別人不能做的？

□你如何計劃自己的時間？

□你是個什麼樣的主管？請舉例說明。

□你的直接上級主管擔任什麼職務？他的工作職責是什麼？

□你能描述一個你碰到了不少問題的項目嗎？

□你是如何解決這些問題的？最終取得了什麼結果？

□你喜歡什麼樣的績效考核方法？

□回憶一下你在職業生涯中的一次失敗。你從中吸取了什麼教訓？

□如果你被本企業聘用的話，你將要和企業中工作了很長時間並受過良好培訓的人員一起工作。你怎麼才能趕上他們？

□你在工作中是如何利用最後期限的約束的？

□要想在這一領域中取得成功，你認為必須具備那些個性品質？

□你是否認為在一家企業工作的時間太長，會很難適應新的企業？

□你如此頻繁地換工作，如果我們聘用了你，我們怎麼知道你會留下來？你將在我們企業待多長時間？

以下問題幫招聘經理瞭解應聘者對團隊工作的態度，以及應聘者在團隊中工作的經驗。

□你喜歡和什麼樣的人一起工作？

□你覺得和什麼樣的人很難在一起工作？

□談談你所做的這樣一項工作或項目，在該工作中你需要從各種不同的管道收集資訊，並對資訊進行整合，以解決企業所面臨的問題。

□你怎樣安排和利用閒暇時間？

□作為團隊成員你具備什麼樣的品質？請具體說明。

□你如何與自命不凡的人相處？

□談談你與其他團隊成員發生衝突的經歷。

□關於腦力激蕩法，你有什麼特殊技巧嗎？

□談談你的這樣一次經歷：你的團隊拒絕了你的建議。你是怎樣勸說團隊接受你的觀點的？

□在團隊中，是否曾有人壓制過你，或不讓你有說話的餘地？你是如何對待這種事的？

薪酬問題儘管敏感，但招聘經理不得不談。

□可以給我們概括一下你的薪酬變化情況嗎？

□我們如何獎賞你最好？

□你認為這個職位應拿多少薪酬？

□你在前一份工作中拿多少薪酬？

□你希望得到的薪酬水準是多少？

□你要求的薪酬水準接近這一職位的最高限。為什麼我們應付你這麼多錢？

□對你來說，薪酬的高低是工作的一個最重要方面嗎？

□那些非現金的報酬對你很重要？

最後，招聘經理可以用下面的問題來結束面試。

□根據我們所討論的問題，你現在覺得這項工作怎麼樣？

□你還有什麼問題嗎？

□你還有什麼其他的事情應讓我們知道嗎？

□你覺得自己在面試中的表現如何？

□什麼時候你能開始工作？

□你願意出差嗎？

□我可以和你現在的老闆和證明人取得聯繫嗎？

□如果有一條理由證明我們應選擇你而不是其他應聘者，這條理由是什麼？

(六)面試談話範本

應聘者到來後，面試官應態度友好、有條理地安排面試，使其放鬆。如果面試官自信可以遠離可能導致歧視的私人問題，面試官可以從興趣愛好之類的寒暄開始面試。或者只簡單詢問下列問題中的一個。

「你是如何瞭解本企業並對其感興趣的？」

「你是如何獲知本企業的空缺職位的？」

根據對方的答覆，你可以正式開始你準備的問題。

「在我們開始之前，請先瞭解一下今天我們的談話內容。我想瞭解你的背景與經驗，從而決定這份工作是否適合你。我很高興能聽你講述你的工作經歷、教育、興趣、各種活動，以及你樂意告訴我的任何事情。在我對你的背景有所瞭解後，我將向你提供與本企業及崗位有關的資訊，並回答所有你可能提出的問題。」

1. 工作經驗

工作經驗的討論將因應聘者的工作時間長短而明顯不同。對剛剛走出高中或大學校門的畢業生提出的問題，不可能適用於一個有 15 年經驗的專業人員。對於擁有實際經驗的應聘者，最近工作職位的談論是一個合理的開端。除了瞭解工作本身，這也有助於瞭解應聘者更換工作的原因、每份工作的持續時間，及隨著時間的推移其對工作要求的不同。下面提供的樣本尤其適用於對剛剛參加工作的應聘者的面試。

「請你描述一下你的工作及職能；你喜歡那些工作，不喜歡那些；你認為你在工作中有何心得。」

「我們先簡要地回顧一下你最初的工作經歷，只是一些在校期間或假期的兼職工作。然後，我們再詳細瞭解一下你近來的工作情況。」

「你對最初的工作還有多少印象？」

對每一份工作都提一些詳細的問題。整個過程要按照時間的順序進行，這會使談話顯得很自然，而且能夠進行比較。

面試官會對具體行為提問，以避免得到的回答過於籠統或假想性太強。不要問：你可靠嗎？因為你只會得到一種答案：可靠。

應聘者常常被問道：你的紀律性強嗎？你的紀律性是如何使你受益的？你是如何安排你的工作的？你是如何處理那些意外情況的？

問題要明確，且一次只提一個問題，這樣不會對應聘者產生干擾。儘量避免談話過程中出現冷場，如果是由應聘者引起的，應稍等片刻。始終保持中立的態度，不要從語言或行為上暗示應聘者面試官的看法。應鼓勵應聘者發表自己的觀點，並儘量使用他們的字眼，以避免表現出面試官的想法。如果應聘者說：「我喜歡獨立工作。」你可以回應道：「獨立工作嗎？」當然，面試官還可以借機讓應聘者舉出相應的事例。

2. 教育背景

與工作經歷方面的面試相比，關於教育背景的交流則應更貼近應聘者的受教育程度。下文的面試談話主要針對那些從學校畢業不久的年輕人。對於專業性較強的應聘者的面試，則應更側重於專業教育。

「我們已經十分瞭解你的工作經歷，現在，讓我們看一下你的教育背景。先簡單地從中學開始，然後依次類推，最後談談你受過何種培訓。你對那些專業比較感興趣、成績如何、課外活動有那些，還有其他你認為重要的事情。」

「你的中學時代是如何度過的？」整個過程要按照時間的順序進行，問題要具體。不要根據回答做出判斷，這只是表面現象；前後對比才能透出本質。在得到回答後，要對其行為表現進行分析，確定那些是工作需要的。

3. 活動及興趣

「現在，我想瞭解一下你工作之餘的興趣愛好。平時，你會參加那些活動，團體活動或者協會交流？」問題要具體詳細。對應聘者應表示關注及尊重。不應對其言語諷刺或使用不良字眼。

4. 自我評價

「讓我們總結一下，你認為自己的優點是什麼，品格和業務方面都可以。」應根據具體需要提問，問題要清晰。「你已經向我們提供了許多個人情況，但每個人都有不足，你希望今後對那些方面進行完善？」應根據具體需要提問，問題要清晰。

5. 介紹企業情況

如果面試官認為該應聘者十分適合這份工作，就可以向其介紹企業的情況；反之，面試官對該應聘者不滿意，應儘量避免提及應聘者無法勝任的工作內容。

「你的介紹十分詳盡，我非常高興與你交流。在我對企業情況及工作職責進行介紹以前，你還有什麼補充的嗎？」

「你還有什麼問題嗎？」

「好吧，現在我來介紹一下情況。」對企業、工作、福利、辦公地點等作簡單介紹。

6. 結尾

「你對企業或工作還有什麼要瞭解的嗎？」

自然地結束面試。如果面試官並不打算錄用或進一步瞭解該應聘者，這時可以告訴其結果。態度要誠懇，無需特別指出原因。

「今天，很高興能與你談話。但是我們認為你與企業要求不符。」

如果面試官認為應聘者更適合另一職位，且企業會給予考慮，可以將真實想法告訴應聘者。

如果應聘者希望知道未被選中的原因，面試官可以告訴他自己沒有這種權力；反之，面試官可解釋為已有更優秀的人選。僅僅告知應聘者「不合格」或「經驗不足」，尷尬的狀況可想而知。態度要誠懇，不要讓人反感。

如果你對某應聘者十分滿意，可以繼續交談。

「你對企業有何想法？」——消除應聘者的疑惑。

「我會考慮下一步的工作。」——讓應聘者感到會發生什麼事情，是否還會進行面試，需要多久才能做出決定。

「非常感謝你能來……」

（七）面試的優缺點

面試作為一種常用的甄選方式，其優缺點如表 5-2-3 所示。

表 5-2-3　面試的優缺點

優點	適應性強：可以針對各種考察目的對應聘者提出問題，瞭解全面資訊
	雙向溝通：主試人與應聘者可以通過互相提問進行雙向交流和溝通
	管道廣泛：可以通過觀察、聆聽、提問等多種管道瞭解應聘者的素質
	增強感情：通過創造良好的面試環境和氣氛，增強應聘者與企業的感情
缺点	時間長：分別對每位應聘者進行面試，耗費的時間長
	成本高：由於時間長，有時還要聘請專家，因此費用成本較高
	產生偏差：在面試中難以避免各種主觀錯誤和偏差
	難以數量化：面試結果難以數量化，不便於資訊統計

為了揚長避短，可以採取以下對策：

①面試人數不宜過多，配合運用其他測試方法；

②運用有程序的結構形式，確保面試的統一性；

③面試前不要讓主試人瞭解過多應聘者的資訊，防止產生偏見；

④儘量提問與工作相關的問題；

⑤運用標準評分表；

⑥及時全面地記錄應聘者的表現；

⑦運用面試控制板，記下關於要點、目標、要求、程序和問題等，確保面試規範化；

⑧對主試人進行一定培訓。

四、人員甄選決策模式

人員甄選決策有兩種模式：單一預測決策模式和複合預測決策模式。

1. 單一預測決策模式

單一預測決策模式是從多個應聘者中，為某一職位或某類性質相似的職位甄選一個或若干個任職者的決策模式。這種決策模式相對簡單，主要是對應聘者的考核因素進行加權來進行綜合比較，根據綜合得分甄選。

例：某公司為某職位進行招聘和選拔，最終確定 A、B、C 三個候選人。三個人測試情況見表 5-2-4。

心得欄

表 5-2-4　A、B、C 三人測試情況

應聘者／評分／因素	A	B	C
年齡	100	90	80
學歷	80	80	100
工作經歷	100	80	90
表達能力	90	100	80
組織能力	70	80	90
判斷能力	70	90	90
人際關係能力	80	90	80
自信心	90	80	80

對於這三個人究竟如何取捨，公司採用加權計總分法。據此，A、B、C 最終得分見表 5-2-5。C 的最終得分在三人中最高，因此，C 為最終錄用者。

表 5-2-5　A、B、C 的加權得分

因素	權重	加權得分		
		A	B	C
年齡	0.05	5	4.5	4
學歷	0.1	8	8	10
工作經歷	0.1	10	8	9
表達能力	0.1	9	10	8
組織能力	0.2	14	16	18
判斷能力	0.2	14	18	18
人際關係能力	0.15	12	13.5	12
自信心	0.1	9	8	8
總計	1	81	86	87

2. 複合預測決策模式

複合預測決策模式，指在一次招聘中分別測定眾多求職者，並把他們安排到多種不同性質的職位上去。這種決策模式是職位與人之間相互匹配的過程，既包括了對人員的選擇，同時也包括對人員合理的安置。

例：某公司為 5 種工作進行招聘。經測試最終剩餘 12 名應聘者。他們的測試成績如表 5-2-6 所示。

表 5-2-6　12 名應聘者的測試分數

崗位＼應聘者	A	B	C	D	E	F	G	H	I	J	K	L
1	0.5	0.9	0.4	0.6	0.7	0.5	0.2	0.6	0.3	0.6	0.5	0.1
2	0.7	0.8	0.5	0.5	0.6	0.4	0.6	0.7	0.3	0.9	0.7	0.6
3	0.8	0.9	0.4	0.8	0.5	0.3	0.4	0.8	0.7	0.7	0.5	0.5
4	0.4	0.7	0.6	0.2	0.8	0.6	0.4	0.7	0.5	0.7	0.4	0.1
5	0.3	0.6	0.3	0.3	0.5	0.4	0.1	0.6	0.4	0.6	0.6	0.2

現在要從這 12 名應聘者中選出 5 名，分配到 5 種工作崗位上去，選擇方法如表 5-2-7 所示。

從表 5-2-7 可以看出，若從人的角度分析，會出現工作 2、3、4 對應多人的情況而且平均分最低；若從工作的角度分析，雖然平均分最高，但會出現 B 同時被工作 1 和工作 3 選中的情況；若綜合人與工作崗位的雙重角度，進行互動分析，可以實現人與崗位的最優配置。公司的最終錄用決策是：B、J、A、E、H 分別與工作 1、2、3、4、5 結合。

表 5-2-7　人與工作互動分析

崗位＼應聘者	1	2	3	4	5	平均分
人的角度（人選工作）	B(0.9)	G(0.6) J(0.9) K(0.7) L(0.6)	A(0.8) B(0.9) I(0.7)	C(0.6) E(0.8) F(0.6)	H(0.9)	0.75
工作的角度（工作與選人）	B(0.9)	J(0.9)	B(0.9)	E(0.8)	H(0.9)	0.88
人與工作互動分析	B(0.9)	J(0.9)	A(0.8)	E(0.8)	H(0.9)	0.86

心得欄 ----------------------------------

第三節　人員的錄用與招聘評估

一個完整的招聘過程應該有一個評估階段。招聘評估包括以下 3 個方面。

(一)招聘成本評估

招聘成本評估是指對招聘中的費用進行調查、核實，並對照預算進行評價的過程。它是鑑定招聘效率的一個重要指標。招聘成本指錄用一個人的平均費用，計算公式為：

招聘單價=錄用人數(人)÷總經費(元)

其中，招聘總費用包括：直接費用，如招聘人員的薪資、招聘廣告費、招聘測試費等；間接費用，如間接相關人員的薪資等。如果招聘成本低，錄用人員質量高，就意味著招聘效率高；反之，則意味著招聘效率低。另外，成本低，錄用人數多，就意味著招聘效率高；反之，則意味著招聘效率低。相同的招聘成本水準，如果錄用的人數多或錄用人員的素質高，也意味著招聘效率高；反之，意味著招聘效率低。

作招聘成本評估之前，應該制定招聘預算。每年的招聘預算應該是全年人力資源開發與管理總預算的一部份。招聘預算中主要包括：招聘廣告預算、招聘測試預算、體格檢查預算、其他預算，其中招聘廣告預算佔據相當大的比例，一般來說按 4：3：2：1 比例分配預算較為合理。

(二)錄用人員評估

錄用人員評估是指根據招聘計劃和招聘崗位的工作分析，對所錄用人員進行的數量、質量和結構等方面的評價過程。只有在招聘成本較低，同時錄用人員數量充足並且質量較好時，才說明招聘工作的效率高。

⑴錄用人員的數量

錄用人員的數量可用以下幾個數據來表示：

①錄用比：錄用比=應聘人數÷錄用人數×100%

錄用比越小，相對來說，錄用者的素質越高；反之，則錄用者素質可能較低。

②招聘完成比：招聘完成比=計劃招聘人數÷錄用人數×100%

招聘完成比等於或大於 100%，說明在數量上全面或超額完成招聘計劃。

③應聘比：應聘比=計劃招聘人數÷應聘人數×100%

應聘比越大，說明發佈招聘資訊效果越好，同時說明錄用人員可能素質較高。

⑵錄用人員的質量

除了運用錄用比和應聘比這兩個數據來反映錄用人員的質量外，也可以根據招聘的要求或工作分析中的要求，對錄用人員進行等級排列來確定其質量。

(三)撰寫招聘小結

招聘小結的主要內容包括：招聘計劃、招聘進程、招聘結果、招聘經費、招聘評定。以下是招聘小結範例。

公司春季招聘結論

1. 招聘計劃

根據 1993 年 1 月 3 日第二次董事會決議，向社會公開招聘負責國際貿易的副總經理 1 名、生產部經理 1 名、銷售部經理 1 名。由人力資源開發管理部經理在分管副總經理的領導下具體負責。招聘測試工作全權委託復旦管理諮詢公司人力資源服務部實施。

2. 招聘進程

2 月 1 日，刊登招聘廣告。2 月 15 日～2 月 28 日，初步篩選，去掉一些明顯不符合要求的應聘者。3 月 1 日～3 月 31 日，招聘測試。4 月 1 日～4 月 10 日，最終決策。4 月 15 日，新員工上崗。

3. 招聘結果

⑴副總經理應聘者 38 人，參加招聘測試 25 人，送企業候選人 3 名，錄用 0 人。

⑵生產部經理應聘者 19 人，參加招聘測試 14 人，送企業候選人 3 名，錄用 1 人。

⑶銷售部經理應聘者 35 人，參加招聘測試 29 人，送企業候選人 3 名，錄用 1 人。

4. 招聘經費

招聘預算共×××××元，其中：招聘廣告費×××××元，招聘測試費×××××元，體格檢查費××××元，應聘者紀念品費××××元，招待費××××元，雜費××××元，合計支出×××××元。

5. 招聘評定

⑴主要成績

這次由於委託專業機構進行科學測試，錄用的 2 位經理素質令人十分滿意，同時測試結果指出了副總經理應聘者中無合適人選，最後沒有錄用。

另外由於公平競爭，許多落選者都聲稱受到了一次鍛煉，對樹立良好的企業形象有促進作用。

⑵主要不足

由於招聘廣告的設計還有些問題，所以沒有吸引足夠多的高層次應聘者來竟爭副總經理崗位，致使副總經理最終沒有合適人選錄用。

(四) 測評效度與信度

效度是指招聘者真正測試到的品質與想要測試的品質的符合程度，信度是指系列測試所得的結果穩定性與一致性的高低。這兩個指標在測試過程中是不容忽視的。

1. 測試的效度

在甄選過程中，有效的測試，其結果應該能夠正確地預計應聘者將來的工作成績，即甄選結果與以後的工作績效考評得分是密切相關的。這兩者之間的相關係數稱為效度係數，它的數值越大，說明測試越有效。

效度可分為 3 種：預測效度、同測效度、內容效度。

⑴預測效度

預測效度是指對所有應聘者都施予某種測試，但並不依其結果決定錄用與否，而以其他甄選手段，如申請表、面試等來錄用人員，待這些被錄用人員工作一段時間以後，對其工作績效加以考核，然後再將績效考核的得分與當初的測試結果加以比較，求兩者的相關度。相關係數越大，說明此測試效度越高，可以依其來預測應聘者的潛力；若相關係數很小，或無相關，則說明此測試無法預測人員的工作潛力。用這種方法檢驗出的效度較高的測試方法，便可用於將來對職工的甄選，且多用於能力及潛力測試，效果很好。

⑵同測效度

同測效度是指對現有的職工實施某種測試，然後將其結果與這些職工的工作表現或工作考核得分加以比較，若兩者相關係數很大，則此測試的效度就很高，說明此測試與某項工作密切相關。這種測試效度的特點是省時，可以儘快檢驗某測試的效度，但在將其應用到錄用甄選測試中時，難免會受到其他因素的干擾，而無法準確預測應聘者未來的工作潛力。例如，這種效度是根據現有職工的測試得出來的，而現有職工所具備的經驗、對企業的瞭解等，則是應聘者所缺乏的，因此應聘者有可能因缺乏經驗而在測試中得不到高分，從而被錯誤地判斷為沒有潛力或能力。其實他們若經過實踐鍛煉與培訓，是可能成為稱職的工作者的。

⑶內容效度

內容效度是指測試是否代表了工作績效的某些重要因素，例如，招聘打字員時，對應聘者的打字速度及準確性進行測試，這種實際操作測試的內容效度是最高的。與前面兩種效度不同的是，內容效度不用測試結果與工作績效考核得分的相關係數來表示，而是憑藉招聘人員或測試編制人員的經驗來判斷。內容效度多應用於知識測試與實際操作測試，而不適用於對能力或潛力的預測。

2. 測試的信度

當應聘者在多次接受同一測試或有關測試時，其得分應該是相同或相近的，因為人的個性、興趣、技能、能力等素質，在一定時間內是相對穩定的。如果通過某項測試，沒有得到相對穩定而一致的結果，那說明測試本身的信度不高。

測試信度的高低，是以對同一人所進行的幾次測試結果之間的相關係數來表示的。可信的測試，其信度係數大多在 0.85 以上。由於測試的信度受到多種因素的影響，如測試本身內容的組織與安排；施測者個人的因素，如語音、語調、語速等；被測者情緒、注意力、疲倦程度、健康水準的變化等，都會影響到測試結果的穩定性。因此我們不可能要求測試的信度係數達到 1.00，即幾次測試結果完全相同。

測試的信度分為 3 類：重測信度、分半信度、對等信度。

⑴重測信度

重測信度指對一組應聘者進行某項測試後，過幾天再對他們進行同一測試，兩次測試結果之間的相關程度，即為重測信度。一般情況下，這種方法較為有效，但卻不適合於受熟練程度影響過大的測試，因為被測者在頭一次測試中，可能記住某些東西，從而提高了第二次測試的分數。

⑵對等信度

對應聘者先後進行兩個內容相當的同一測試，如甲個性測試量表與乙個性測試量表，然後測出這兩次測試結果之間的相關程度，並來確定測試的信度。這一方法減少了重測信度中前一次測試對後一次測試的影響，但兩次測試間的相互作用，在一定程度依然存在。

⑶分半信度

將對同一組應聘者進行的同一測試分為兩部份加以考察，這兩部份結果之間的相關度，即為分半信度。這種方法既省時，又避免了前後兩次測試間的相互影響。

在對應聘者進行甄選測試時，應努力做到既可信，又有效。但應注意的是，可信的測試未必有效，而有效的測試必定是可信的。

(五)招聘評估的檢討案例

鑑於物流部經理的這次招聘失誤，人力資源部門深刻總結了經驗教訓。馬上動手做好人力資源規劃和崗位說明書，並著手做好招聘小組成員的招聘培訓。由於公司內部沒有物流部經理的供給，2005 年 7 月初，A 公司正式委託當地負有盛名的獵頭公司進行招聘。獵頭公司同時在網上和報紙上發佈招聘資訊，應聘人員可通過報紙或在網上閱讀到 A 公司的招聘文本，瞭解 A 公司的簡介和工作內容，並可線上填寫申請表。應聘人員在遞交簡歷之前，便對 A 公司的具體工作崗位情況有了基本瞭解，初步弄清了工作崗位的要求，並進行了自我評估和選擇，這其中有許多人知難而退。獵頭公司很快得到了應聘者的資訊，經過對這些資訊的整理，形成所有崗位的合格者名單，一週後，獵頭公司基本上結束了對應聘人員申請的初步篩選，確定 50 人進入下一輪篩選。

接下來，獵頭公司電話通知初選合格者進行基本能力和職業態度心理測試。A 公司負責命題，採用高強度的筆試方式，題型為思維測試、數學測試、邏輯推理測試和職業態度測試，主要評估應聘者的知識儲備水準、解決問題的能力、學習能力、反應能力等基本素質及職業潛能。獵頭公司在筆試組織中應防止題型洩密、避免題型大眾化，以提高測試評估結果的可靠性。獵頭公司在 1～2 週後通知 10 名考試合格者，並將通過資格審查和初試階段的應聘者的有關資料傳輸到 A 公司。

2005 年 7 月中旬，招聘工作進入下一階段。本階段由人力資源管理人員和用人部門聯合考查應聘人員的人際關係能力及決策能力。主要分以下兩個階段。

第一階段，以單獨面試的方式，考察應聘者的基本技能和潛能。如有關物流專業潛能方面的測試。解決實際問題的能力或潛能以及思維的活躍程度等。最典型的內容是應聘者分別向 A 公司的招聘專家談論自己的經歷、優點和不足、興趣和愛好、取得過的成就，另外招聘專家通過提問應聘者以什麼為榮，什麼樣的事業才能使應聘者興奮等，考察應聘者的價值取向。此階段也可以初步瞭解員工的互動溝通的能力、洞察力、靈活性和創造力。

第二階段，應聘人員分組參加集體面試和小組討論。首先應聘人員根據既定任務的需要，組成項目小組，進行實際工作的模擬。比如進行企業經營模擬。小組將負擔起管理的職能，如需要考慮人員分工、材料採購、資金運用、計劃管理、生產過程管理等一系列問題。這其中可能會有一些棘手的兩難問題，為了解決案例中的問題，需要大家集體討論，並在規定的時間拿出解決問題的方案，然後向參加集體面試的全體人員進行彙報。人力資源專家和業務主管現場觀察，考察每個人的合作精神、團隊意識、創造能力以及解決實際問題的能力，並對團隊和個人進行打分。

通過以上幾個階段的考察，A 公司在 2005 年 7 月底確定了 2 名錄用候選人。並對他們進行全面身體檢查，然後再進行為期 1 個月的企業經營戰略、職業規範、公司制度、企業文化、行業知識等內容的培訓。在試用期結束前 1 週，他們將接受培訓(工作)表現和發展潛能評估，最終確定績效。試用期結束後根據績效綜合分析，最終確定 1 名正式錄用者。

第四節　招聘計劃管理

1. 招聘計劃應包括的內容

⑴人員需求名單，包括所要招聘的職務名稱、人數、任職資格。

⑵招聘資訊發佈的時間和管道。

⑶招聘小組人選名單，包括小組人員姓名、職務、各自的職責。

⑷應聘者的考核方案，包括考核的場所、時間、題目等。

⑸招聘的截止日期。

⑹新人職員工的上崗時間。

⑺招聘費用預算，包括資料費、廣告費、人才交流會費用等。

⑻招聘工作時間表，盡可能細緻，以便與他人配合。

⑼招聘廣告樣稿。

2. 招聘計劃範本

<table>
<tr><td colspan="3">招聘時間：2011 年 2 月</td></tr>
<tr><td colspan="3">招聘地點：</td></tr>
<tr><td colspan="3">組織部門：企業人力資源部</td></tr>
<tr><td colspan="3">活動總負責：</td></tr>
<tr><td colspan="3">現場總協調：</td></tr>
<tr><td rowspan="4">參加部門及人員</td><td>人力資源部：</td><td rowspan="4">說明：</td></tr>
<tr><td>營銷事業部：</td></tr>
<tr><td>營銷電器事業部：</td></tr>
<tr><td>財務部：</td></tr>
<tr><td>招聘資料準備</td><td colspan="2">資料項目：
試卷/答題卡/答案：
營銷類 30 份；外貿類(新)15 份；通用類 40 份；採購經理類 5 份；進口採購類 10 份；會計審計類 25 份；性格測試卷 40 份
現場宣傳用手提電腦 1 台及光碟；多功能接線板
精美廣告冊：5 份(大)、15 份(小)；《公司簡報》9、10 月各 30 份
4. 名片；中性筆 15 支；小釘書機 2 只；迴紋針 2 盒；應聘者登記表 150 份；面試測評表 100 份
招聘廣告牌；面試問題設計
落實時間：11 月 7 日之前
責任人：</td></tr>
<tr><td>招聘現場佈置</td><td colspan="2">招聘大廳：廣告牌掛放、桌椅位置確定、招聘資料擺放
招聘套間：桌椅借用、招聘資料準備；考試場地聯繫確定
落實時間：11 月 8 日下午 5 時前
責任人：</td></tr>
<tr><td rowspan="3">招聘流程</td><td>應聘者初審：初審合格人員發給應聘者登記表，並收集相關個人資料初試，符合標準則轉入 2(稱為初試合格人員)
初試地點：招聘大廳前臺</td><td>總聯絡員：

現場人員：</td></tr>
<tr><td>初試合格人員至指定場所完成試卷交監考員批改，轉入 3
考試地點：小會議室</td><td>監考員：</td></tr>
<tr><td>覆試→合格，通知、確定終核或報到時間
→不合格，淘汰
覆試地點：套間客廳(營銷類 A)
套間臥室(綜合類 B)</td><td>現場人員
A：
B：</td></tr>
</table>

續表

<table>
<tr><td rowspan="10">總日程安排</td><td>11 月 7 日</td><td colspan="2">招聘資料匯總；
車票訂購、差旅費用預支</td><td>責任人：</td></tr>
<tr><td rowspan="4">11 月 8 日</td><td rowspan="2">上午</td><td colspan="2">住宿安排</td></tr>
<tr><td>聯繫招聘用車等</td><td>責任人：</td></tr>
<tr><td colspan="2">下午：2：30-3：30：所有參加招聘會人員會議
地點：</td><td>責任人：</td></tr>
<tr><td colspan="2">下午 3：00-5：00：佈置招聘場地
晚：招聘細節商討
地點：</td><td>責任人：</td></tr>
<tr><td rowspan="2">11 月 9 日</td><td colspan="2">白天：現場招聘</td><td>責任人：</td></tr>
<tr><td colspan="2">晚：分類整理招聘資料；召開總結會議，總結招聘情況，分析招聘成本
地點：待定</td><td>責任人：</td></tr>
<tr><td rowspan="2">11 月 10 日</td><td colspan="2">上午：完成後續工作</td><td>責任人：</td></tr>
<tr><td colspan="2">下午：返回基地</td><td></td></tr>
<tr><td colspan="4"></td></tr>
<tr><td>費用預算</td><td colspan="3">招聘場地費：××××元
小會議室租用費：××××元(全天)
廣告牌製作費：×××元
往返車費：×××元
食宿費：
市內交通費：
其他：</td><td>審核人：</td></tr>
<tr><td>招聘原則及注意事項</td><td colspan="4">做到寧缺勿濫，認真篩選，部門負責人不允許以嘗試的態度對待招聘工作
對應聘者的心態要有很好的把握，要求應聘者具備基礎的敬業精神和正確的金錢觀
招聘人員應從培養企業長期人才考慮(明確考慮異地工作)，力求受聘人員的穩定性。同等條件下，可塑性強者優先
要注重受聘者在職業方面的技能，不要被職位的要求所限制
在面試前要做好充分的準備工作(有關面試問答、筆試等方面)，並要注意個人著裝等整體形象
招聘過程中對待前來應聘者須熱情禮貌、言行得體大方，嚴禁與應聘者發生爭執
招聘過程中若有疑問，請向現場總協調員諮詢</td></tr>
</table>

3. 增編申請單

增編部門：　　　　　　　　　　　　　　　　　　　　　申請人：

崗位名稱		
任職資格	年齡：　　學歷：　　性別：　　技能：	
	資歷（工作經驗）：　　　　　　其他：	
工作內容		
工作環境		
工作中使用的機器、工具、設備及輔助工作用具		
同崗位增編人數：		希望到崗時間：
廠部主管意見：	總經理意見：	人力資源部意見：
執行情況：		

備註：以上申請單經廠部主管簽字同意後，由部門（或車間）申請人交人力資源部。

4. 應聘者登記表

姓名		性別		籍貫			□已　□未婚			照片
出生年月		年齡		身高		體重		血型		
應聘職務			希望待遇							
戶籍地址										
通訊位址			電話							

身份證號																		

最高學歷		畢（肄）業年份	年	地點	

經歷（企業名稱）	職稱	起		止		薪酬

家庭狀況		職業	專長：
父			服兵役情況：　　　　退役：　　年　　月
母			汽車駕照：
			嗜好：

			語文	類別	漢語	法語	英語	日語	
				程度					

批示	單位主管意見		人事單位意見		
	試用日期		工作知識：□須訓練	□基本具備	□充分認識
	年		工作經驗：□無經驗	□有經驗（多久）	
	月		儀容態度：□印象壞	□平實	□印象深刻
	日		領悟反應：□緩慢	□普通	□極好
			測驗成績：		

5. 招聘工作計劃表

單位名稱：　　　　部門名稱：　　　　填表日期：　年　月　日

<table>
<tr><td rowspan="3">招聘
目標</td><td colspan="2">崗位名稱</td><td colspan="2">人員數量</td><td colspan="3">人員要求</td></tr>
<tr><td colspan="2"></td><td colspan="2"></td><td colspan="3"></td></tr>
<tr><td colspan="2"></td><td colspan="2"></td><td colspan="3"></td></tr>
<tr><td>發佈時間</td><td colspan="7"></td></tr>
<tr><td rowspan="2">發佈管道</td><td>發佈方式</td><td colspan="6">□報紙　□網站　□專業/行業雜誌
□人才仲介機構　□人才市場　□獵頭　□其他</td></tr>
<tr><td>發佈安排</td><td colspan="6"></td></tr>
<tr><td rowspan="2">招聘工
作預算</td><td>項目</td><td></td><td></td><td></td><td></td><td></td><td>共計</td></tr>
<tr><td>金額</td><td></td><td></td><td></td><td></td><td></td><td></td></tr>
<tr><td rowspan="3">招聘
小組
成員</td><td>職務</td><td>姓名</td><td colspan="5">工作職責</td></tr>
<tr><td>組長</td><td></td><td colspan="5"></td></tr>
<tr><td>副組長</td><td></td><td colspan="5"></td></tr>
<tr><td rowspan="3">分工</td><td>成員 1</td><td></td><td colspan="5"></td></tr>
<tr><td>成員 2</td><td></td><td colspan="5"></td></tr>
<tr><td></td><td></td><td colspan="5"></td></tr>
</table>

說明：

此表用於人力資源部門開展招聘工作以前的計劃，由人力資源部填寫，通知相關部門。

6. 招聘管道評估表

單位名稱：　　　　　　　　　　　　填表日期：　年　月　日

特點 方式	優點	缺點	確定的 招聘方式
廣告招聘	信息量大，影響廣；能吸引較多的應聘者；可以減少應聘的盲目性；優秀的招聘廣告對企業形象宣傳有好處	廣告費昂貴；保留時間短；應聘者數量多造成招聘費用增加	
人員招聘	雙方在招聘前就有所瞭解；簡化招聘程序，減少招聘費用；適合關鍵崗位的招聘	人情廣泛存在，會影響招聘的公正性；易在企業內部形成裙帶關係	
內部晉升選拔	招聘風險小；招聘成本低；有利於調動內部員工的積極性，有利於增加企業凝聚力	選擇範圍小；不利於吸引社會的優秀人才	
招聘應屆畢業生	給企業注入活力；一張白紙，可塑性強，容易接受企業文化；可以培養成忠誠度高的員工	缺乏工作經驗，增加了培訓成本	
職業介紹所	招聘簡單、快捷		
人才交易市場	使本企業員工增強了來自外部的競爭壓力	招聘工作量猛增；所招人員流動性強，對企業忠誠度差；所招人員利益驅動明顯	
網上招聘	人才儲備量大；招聘工作可以自行控制；招聘費用較低	網上虛假資訊多；魚龍混雜，人才辨別難度大	
備註			

填表人：　　　　　　　　　　　　　　　　審核人：

說明：此表用於人力資源管理部門確定招聘方式時，徵詢各部門意見、向決策部門建議或呈報批准之用。

7. 應聘者基本情況登記表

單位名稱：　　　　　　　　　　　　　　填表日期：　年　月　日

申請崗位名稱			崗位代碼			筆試成績	
姓名		曾用名		性別		民族	
出生年月	年月日	婚姻狀態		最高學歷		職稱	
身份證號				戶籍所在地			
現住址				聯繫電話			
通訊位址				郵編			
家庭成員							
從何處瞭解本企業	□廣告　□報刊　□網站　□業務接觸 □朋友　□招聘會　□其他						
是否在本企業應聘過	□是　□否		是否有親屬在本企業工作		□是　□否		
教育	學校名稱	自何年何月至何年何月		專業		所獲學歷、學位等	
工作履歷	單位名稱	自何年何月至何年何月		職務		主要成績和職責	

填表人：　　　　　　　　　　　　　　　　　　審核人：

8. 招聘費用估算表

部門	方式費用				
	報紙方式	廣播方式	招聘會方式	網站方式	最後選擇
業務部					
技術部					
行政部					
財務部					
經營部					
質管部					
企管部					
合計					

心得欄

第五節　錄用與安置

一、合理的錄用與安置

錄用階段是整個招聘過程的開花結果階段，人事經理前面所進行的所有工作，都是為了實現這一目的。這一階段主要包括通知錄用結果、確定入職條件、新員工接納與安置、新員工試用與轉正等工作。

(一)通知錄用結果

人事經理作出最終的錄用決定之後，接下來就要將錄用結果通知應聘者。通知無外乎兩大類，一種是錄用通知，一種是辭謝通知。兩種通知是完全不一樣的，一個給人帶來好消息，另一個則恰恰相反。當然，寫錄用通知更容易，因為無論如何措辭，這封信都是人們樂意讀到的；而寫辭謝信比較難，因為無論如何措辭，讀信人都很難高興。因此，辭謝通知就需要講究一些方法和措辭。同時，人事經理也要作好錄用通知發出後遭到拒絕的準備。

1. 錄用通知

在通知被錄用者時，人事經理要將及時放到第一位。因為錄用通知那怕晚發一天，都有可能損失企業重要的人力資源。因此錄用決策一旦作出，人事經理就應該迅速通知被錄用者。

在錄用通知書中，應該講清楚什麼時候開始報到，在什麼地點報到，應該附錄如何抵達報到地點的詳細說明和其他應該說明的資訊。當然還不要忘記歡迎新員工加入企業。

在通知中，讓被錄用的人知道他們的到來對於企業有很重要的意義，這對於被錄用者是一個很好的吸引手段。人事經理切忌對錄用者分別採用兩種方法通知，如一部份用電話通知，另一部份則用信函通知。公開和一致地對待所有的被錄用者，能夠給人留下好的印象。下面就是一個符合要求的錄用通知：

(1)**應聘者面試通知單**

先生/女士：

你好！首先感謝你對本企業的信任和大力支持。經過初次接觸，我們認為你基本具備加盟本企業的能力，因此特別通知你於以下時間、地點到本企業進行正式面試。

具體要求如下：

面試時間	年　月　日(週)　午　時　分		
面試地點		面試時限	小時分鐘
行車路線			
面試內容說明	個人進行 3 分鐘的演講，內容為個人姓名、出生年月、畢業學校、所學專業、個人愛好及特長、對企業前景展望及個人目標設計(注意：只限 3 分鐘，請勿超時)		
個人準備	攜帶個人身份證及複印件、學歷證書及複印件、職稱證書及複印件； 2. 資格證書及複印件、獲獎證書及複印件； 個人一寸免冠彩色照片一張； 男士著裝要求： 女士著裝要求：		

良好的開端等於成功的一半，祝你成功！

⑵面試記錄表

單位名稱：　　　　　　　　　　填表日期：　年　月　日

申請人姓名		性別		年齡		最高學歷	
應聘崗位		應聘者		面試時間	月　日	面試地點	

面試項目	優	良	中	可	差	備註
體能、體態狀況						
儀表、穿著與服飾						
舉止及應對禮儀						
語言表達與口齒清晰						
5. 機智及反應能力						
知識面廣度和深度						
性格特徵與人際溝通						
生活閱歷是否豐富						
外語能力(英、日)						
學歷、學位						
11. 對申請職位之經驗						
12. 相關專業知識支撐						
13. 對新工作環境適應性						
14. 對新工作之穩定性						
15. 對新工作信心與毅力						
16. 個人理想與企業一致						
17. 未來之可塑性						
18. 家庭支持和負擔						
19. 住址與上班地點距離						
20. 對職位班次接受狀況						

續表

面試總體評價					
現行薪資			期望薪資		
可提供待遇			確認薪資		
擬受聘崗位		擬確定級別		擬聘用開始時間	
部門經理意見	年　月　日				
人力資源 部門意見	年　月　日				
領導意見	年　月　日				

填表人：　　　　　　　　　　　　　　　　　審核人：

說明：此表由面試組長在徵求招聘小組意見之後填寫。面試評估的「備註」一欄用來填寫面試過程中有用的資訊或數據。

(3)面試成績評定表

考號		姓名		性別		年齡	
應聘崗位				所屬部門			
面試項目	好	分數	由	分數	差	分數	
儀表	端莊整潔	5	一般	3	不整潔	0	
表達能力	清晰明暢	20	基本達意	5	含糊不清	0	
態度	誠懇	10	一般	5	隨便	0	
進取心	強烈	15	一般	10	欠缺	0	
實際經驗	豐富	15	有一定經驗	10	膚淺	0	
情感	穩重	10	一般	15	輕浮	0	
反應	敏捷	20	一般	15	遲鈍	0	
評定總分			評定等級				
備註與評語							

評分人：　　　　　　　　　　　　評分日期：　年　月　日

⑷面試加權法評定表

編號		姓名		出生年月		性別	
面試項目	所佔比重/%	評分標準					
		具體指標/分	優秀 100%-90%	較好 90%-80%	一般 80%-70%	較差 70%-60%	很差 60%以下
身體外貌	20	健康程度 10					
		氣質 10					
知識經驗	20	知識水準 5					
		實際經驗 5					
		職業道德 5					
		專業知識 5					
能力方面	40	社交能力 10					
		口頭表達能力 10					
		應變能力 8					
		創新能力 6					
		處理問題能力 6					
性格方面	20	工作熱情 6					
		自信心 6					
		開放性 4					
		態度 4					
小計							
綜合評語	級別標準	95-100	90-95	80-90	70-80	60-70	60 以下
面試評價意見							
評委評價意見	評委甲						
	評委乙						
錄取與否的決定							

(5)**面試結果評價表**

應聘者		應聘職位		職位編碼		
預約時間		實到時間		面試日期		
	評分標準					備註
評價項目	優	良	由	可	差	
儀表和儀態(著裝、坐姿等)						
自我表現能力(表情、語言、自信)						
口頭表達能力(溝通能力)						
想像力、創造力						
5. 綜合分析能力						
工作熱情、事業心						
體力、精力						
隨機應變能力						
態度及職業抱負與企業目標是否相符						
專長是否符合職位要求						
11. 教育程度是否符合要求						
12. 氣質、性格類型是否符合職位要求						
13. 工作意願與企業要求是否一致						
14. 工作經歷是否符合要求						
15. 要求待遇、條件是否符合企業情況						
16. 潛能在本企業能否發揮						
17. 綜合素質是否符合職位要求						
綜合評價等級						
綜合評語及錄用建議						
建議入職日期						

主面試官：　　　　審核人：　　　　總經理：

⑹面試與甄選工作流程

面試與甄選工作流程，如圖所示。

面試與甄選工作流程圖

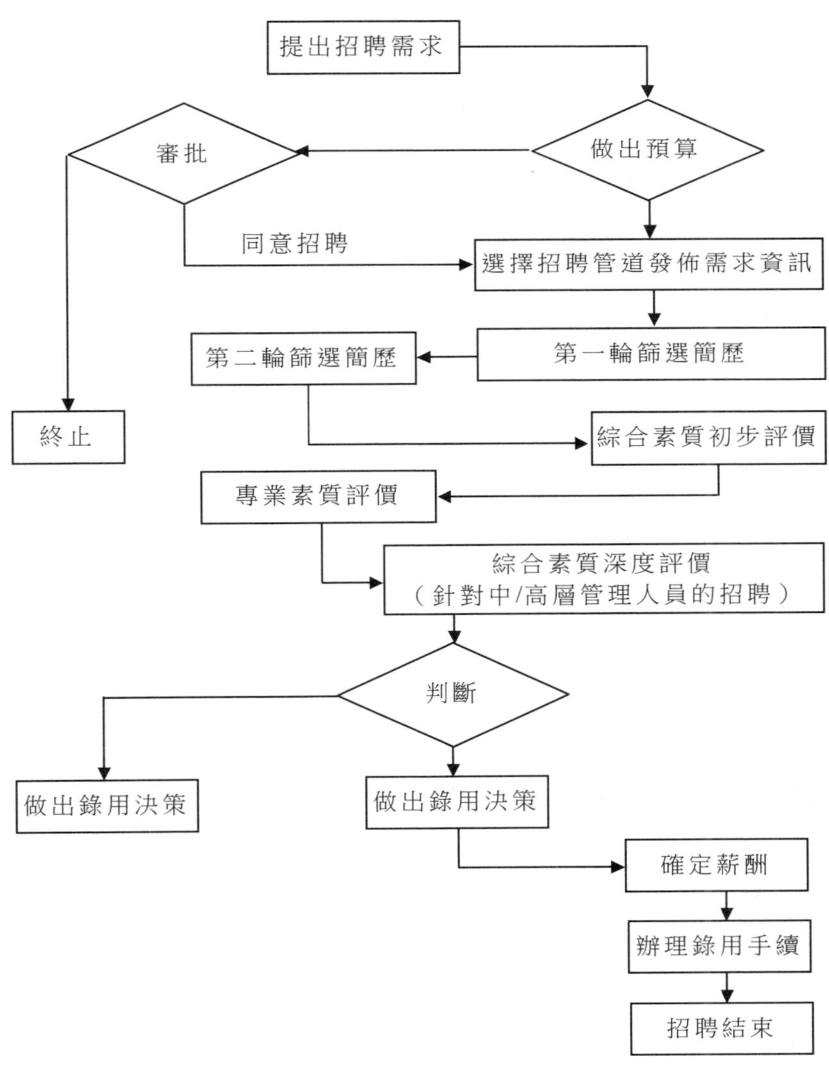

錄用通知書

×××先生/女士：

上週五與您的會面非常愉快。我們現在很高興地通知您，我們企業決定向您提供××××職位，接受該職位的工作意味著您應該完成下列的工作職責××××，並對××××負責。您的起薪是每月××××元，我們會根據您的工作表現予以加薪或提升。我很希望您能夠接受該職位的工作。我們會為您提供難得的發展機會、良好的工作環境和富有競爭力的薪酬。

我很希望在××月××日之前獲得您是否接受該職位的消息。如果您有什麼問題，請儘快與我聯繫。我的聯繫電話是×××××。期望儘快得到您的答覆。

此致

人力資源部總經理(簽名)

2. 辭謝通知

優秀的人事經理不應只注意在那些將要被錄用的候選人身上做工作，而忽視了對那些未被錄用的應聘者的回覆。應該用同樣的方式通知未被聘用的候選人。未被錄用對一個應聘者來說是一個消極的消息，如果處理不當可能會傷害應聘者的自信心。在通知時應做到以下幾點：

最好用書面的方式通知，並且有統一的表達方式。這樣做一方面可以保持公司形象的統一；另一方面可以做到公平地對待每一位應聘者。此外，做好一個統一的辭謝通知的範本在操作上也會是比較簡便的方式。

注意內容和措辭。在辭謝通知中，首先要表達對應聘者關注本公司的感謝，其次要告訴應聘者未被錄用只是一種暫時的情況，並且要把不能錄用的原因歸結為公司目前沒有合適的位置，而不要歸結為應聘者能力和經驗等因素。辭謝通知使用的語言應該簡潔、坦率、禮貌，同時應該具有鼓勵性，並表示願與應聘者建立長期聯繫。下面是一個符合要求的辭謝通知：

辭謝通知書

×××先生/女士：

十分感謝您對我們企業×××職位的興趣。您對我們企業的支持，我們不勝感激。您在應聘該職位時的良好表現，我們印象深刻。但由於名額有限，這次只能割愛。我們已經將您的有關資料備案，並會保留半年，如果有新的空缺，我們會優先考慮您。

感謝您能夠理解我們的決定。

對您熱誠應聘我們的企業，再次表示感謝！

此致

人事經理（簽名）

3. 面對拒聘

無論人事經理如何努力地吸引人才，都仍然會發生接到錄用通知的人不能來企業報到的情況，這是企業最不期望發生的事情。這時，企業的人事經理或高層主管應該主動打電話詢問，並表示積極的爭取態度。如果候選人提出需要更多的報酬，就應該而且必須與他進一步談判。因此在打電話之前，企業在各方面還能夠作出什麼讓步，最好有所準備。如果有多名候選人拒聘，人事經理就應該考慮自己的條件是否定太低或企業有那些做得不好的地方，然後問清楚他們為什麼拒聘，從中可以獲得一些有用的資訊，以改善相應的環節。

(二)妥善接納與安置

對一名新員工來說，他到企業報到後的頭幾天的體驗將直接決定他對這個企業的整體評價。因此，人事經理必須對新員工的接納和安置工作進行細緻入微的安排，以使新員工在剛到企業之後就能有一個好印象，同時，也能喚起他極大的工作熱情。

1. 新員工接納

人事經理在新員工接納方面，要仔細週到地考慮並安排好一系列的工作，以保證員工進入企業後的規範化、有序化的管理，主要應從以下幾個方面入手：

· 新員工的到來應事先通知那些人(用人部門、行政部門等)；

· 誰負責辦公設備(如辦公桌、電腦、電話等)的到位，由誰接待和照顧新員工；

· 由誰負責把新員工介紹給同事和重要的聯繫人；是否有必要安排相應的培訓；

· 由誰負責培訓課程的具體安排和培訓工作的具體籌畫；

· 有無最新的崗位描述，它能否作為初級指導，如果需要修改，新員工如何參與修改；

· 如何制定新員工的工作目標，什麼時候以及由誰制定；

· 由誰在此後的幾個星期內追蹤調查新員工的工作進展情況(直接管理者、選拔人、其他人)。

人事經理需要注意的是，在給新員工分配工作之前，如果時間充裕，最好聽取新員工自己對工作崗位的意見和希望。在實際工作中，即使分配的工作與新職員的希望不相一致，但充分交換意見，使其接受公司方面的想法仍是十分重要的。此舉會使新員工對分配的工作產生興趣，激發其工作熱情。

2. 新員工安置

人事經理在人員安置工作時要做到用人所長，人適其職。而每名新員工因為個人的學識、工作經驗、知識結構不同，從而就會形成工作能力和特定能力的差異，這就需要人事經理根據新員工的能力特點，來把他們安置到最適合的崗位上。

新員工進入企業後，人事經理要為其安排合適的職位。一般來說，員工的職位均是按照招聘的要求和應聘者的應聘意願來安排的，但在人員的錄用與配置上，人事經理要注意從工作和人這兩個角度來考慮。

若從工作的角度看，人事經理首當其衝要考慮的不是此新員工「能做什麼」或「不能做什麼」，而是要弄明白他所具有的能力是否符合這項工作的需要。一個人不管有多少長處，只要不具備該項工作所要求的能力，就絕對不能將他安置在這個崗位上。

如從人的角度看，任何一項工作成就的取得，都是建立在員工能力的基礎之上，而不是建立在其弱點之上，所以，人事經理要在用人方面避其短用其長，尤其在企業內部，每個人的弱點和短處可以通過人員的合理搭配而得到彌補，如果能夠知人善任，因材使器，使人員結構產生交叉互補效應，就一定會謀取最大的效率合力。

（三）試用與轉正

新員工試用是對其能力與潛力、個人品質與心理素質的進一步考核。試用的目的，一方面可以使人事經理和用人部門負責人有機會去考查新員工在面試階段沒有顯露出的特殊才能，然後根據其能力與企業需要來調換崗位；另一方面亦可經由試用來補救不適合的任用措施。

人事經理還可以與新員工簽訂「試用合約」，試用合約是對員工與企業雙方的約束與保障。試用合約一般包括試用的職位、試用的期限、員工在試用期的報酬與福利、員工在試用期應接收的培訓、員工在試用期的工作績效目標與應承擔的義務和責任、員工在試用期應享受的權利、員工轉正的條件、試用期企業解聘員工的條件與承擔的責任、員工辭職的條件與承擔的責任、員工試用期被延長的條件等。

新員工在試用期滿後應填寫「員工轉正申請表」，並由人事經理進行考核，如確認其能力與素質符合職位的要求，則予以正式任用；如認為尚需延長試用，則在與新員工進行溝通後，予以延長試用期，如確屬不能勝任者即予解除勞動關係。

在新員工的正式任用過程中，用人部門與人事經理應完成以下主要工作：員工試用期的考核鑑定；根據考核情況進行正式錄用決策；與員工簽訂正式的僱用合約；給員工提供相應的待遇；建立員工檔案；制定員工進一步發展的計劃；為員工提供必要的幫助與諮詢等。

二、不容忽視的招聘評估

人事經理在員工招聘的過程中和結束後，可能會存在這樣的疑問——「選擇的招聘途徑是否有效？花費是否合理？招聘效果如何」等等。通過對招聘活動的評估，人事經理就會明白那裏做得好，那裏需要改進。只有通過對招聘活動不斷地評估、改進，才能使企業的招聘工作更加合理有效。

員工招聘綜合評估是人事經理為企業招聘工作節約招聘開支的重要途徑。也是對人事經理招聘工作有效性檢驗的一個關鍵方面，並且能做到對招聘工作成果的有效性檢驗。一般來說，員工招聘綜合評估分為成本效益評估，錄用人員評估兩部份。

1. 成本效益評估

成本效益評估是鑑定招聘效率的一個重要指標，如果成本低，聘用人員質量高，就意味著效率高；反之，則意味著效率低。人事經理可以從招聘成本、選拔成本、聘用成本以及安置成本這四個方面進行評估：

⑴招聘成本評估

招聘成本分為招聘總成本與招聘單位成本。招聘總成本是為吸引和確定企業所需的內、外人力資源而花掉的費用，主要包括招聘人員的直接勞務費用、直接業務費用、間接費用等，還包括吸引未來可能成為企業成員人選的費用。招聘單位成本是招聘總成本與錄用人數之比，即：

招聘單位成本=總成本÷錄用人數

⑵**選拔成本評估**

選拔成本是由對應聘人員進行鑑別選擇、作出決定錄用或不錄用這些人員所支付的費用構成，包括以下幾方面工作所花費的費用：

· 初步篩選；

· 匯總候選人資料；

· 面試；

· 各項心理測試和專業測試；

· 候選人體檢；

· 聘用成本評估。

聘用成本是指經過招聘選拔後，把合適的人員聘用到企業單位中所支付的費用。聘用成本包括手續費、調動補償費、搬遷費和路途補助費等由聘用引起的有關費用。計算公式如下：

聘用成本=手續費+調動補償費+搬遷費+路途補助費

⑶**安置成本評估**

安置成本是為安置已被錄用的員工到具體工作崗位上所支付的費用。安置成本包括為安排新員工的工作所必須支付的各種行政費用、為新員工提供工作所需要的裝備條件，以及聘用部門因安置人員所損失的時間成本而支付的費用。計算公式如下：

安置成本=行政費用+必需裝備費+安置人員的時間成本

2. 錄用人員評估

對經過選拔最後被錄用的人員，人事經理也應該進行評估，判斷錄用人員是否真的滿足了工作的需求。這時可以考慮以下幾個方面：

⑴**能力要求評估**

這是考查錄用員工的能力是否與其職位要求相匹配。對企業來說，錄用人員的能力不能過低，但也不宜超過太多，否則就造成了人力資源的浪費。通常情況下，錄用人員的能力一般以滿足工作要求的80%為匹配。

⑵**合作精神評估**

這是近年來新增加的一個評估項目，主要判斷錄用人員能否與企業的原有員工融洽相處，是否具備親和力和協作精神。

⑶**錄用人員質量評估指標**

錄用人員質量評估指標包括錄用比、招聘完成比和應聘比。錄用比的計算公式為：

錄用比=錄用人數÷應聘人數×100%

錄用比越小，相對來說錄用人員的素質就越高。

應聘比的計算公式為：

應聘比=應聘人數計劃招聘人數×100%

應聘比主要用來考查招聘資訊發佈的效果。該比例越大，說明招聘資訊發佈的效果越好。

招聘完成比的計算公式為：

招聘完成比=錄用人數÷計劃招聘人數×100%

當招聘完成比等於或大於 100%時，說明人事經理在招聘數量上全面或超額完成了招聘計劃。

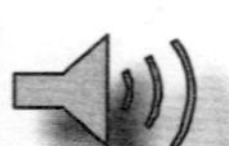

第六節　案例：通用汽車的招聘策略

上海通用汽車有限公司(SGM)是上海汽車工業(集團)總公司和美國通用汽車公司合資建立的轎車生產企業，是迄今為止最大的中美合資企業之一。

SGM 的目標是成為具有競爭力的汽車公司。因此，如何建設一支高素質的員工隊伍，是中美合作雙方都十分關心的首要問題。同時 SGM 的發展遠景和目標定位也註定其對員工素質的高要求：不僅具備優良的技能和管理能力，而且還要具備出眾的自我激勵、自我學習能力、適應能力、溝通能力和團隊合作精神。要在一個很短的時間裏，客觀公正地招聘選拔到高素質的員工來配置到各個崗位。對 SGM 來說無疑是一個重大的挑戰。

(一)「以人為本」的公開招聘策略

「不是控制，而是提供服務」，這是 SGM 人力資源部職能的特點，也是與傳統人事部門職能的顯著區別。

第一，根據公司發展的戰略和宗旨，確立把傳遞「以人為本」的理念作為招聘的指導思想。SGM 在招聘員工的過程中，在堅持雙向選擇的前提下，還特別注意應聘者和公司雙向需求的吻合。應聘者必須認同公司的宗旨和五項核心價值：以客戶為中心、安全、團隊合作、誠信正直、不斷改進與創新。同時，公司也充分考慮應聘者自我發展與自我實現的高層次價值實現的需求，儘量為員工的發展提供良好的機會和條件。

第二，根據公司的發展計劃和生產建設進度，制定拉動式招聘員工計劃，從公司的組織結構、各部門崗位的實際需求出發，分層次、有步驟地實施招聘。1997 年 7 月至 1998 年 6 月分兩步實施對車間高級管理人員、部門經理、骨幹工程師、行政部門管理人員和各專業工程師、工段長的第一層次的招聘計劃；1998 年底到 1999 年 10 月分兩步實施對班組長、一班制操作工人和維修工、工程師第二層次的招聘計劃；二班制和三班制生產人員的招聘工作與拉動式生產計劃同步進行。

第三，根據「一流企業需要一流員工隊伍」的公司發展目標，確立面向全國廣泛選拔人才的員工招聘方針。並根據崗位的層次和性質，有針對性地選擇不同新聞媒體發佈招聘資訊，採取利用媒體和人才市場為主的自行招聘與委託招募相結合的方式。

第四，為確保招聘工作的信度和效度，建立人員評估中心，確立規範化、程序化、科學化的人員評估原則。並出資幾十萬元聘請國外知名的諮詢公司對評估人員進行培訓，借鑑美國 GM 公司及其子公司已有「精益生產」樣板模式，設計出具有 SGM 特點的「人員評估方案」；明確各類崗位對人員素質的要求。

最後，建立人才資訊庫，統一設計崗位描述表、應聘登記表、人員評估表、員工預算計劃表及目標跟蹤管理表等。

兩年來，公司先後收到 5 萬多封應聘者的來信，最多一天曾收到 700 多封信，收發室只能用籮筐收集。這些信來自全國各地，有的還是來自澳洲和歐洲等國家的外籍人士。為了準確及時處理這些信件，SGM 建立了人才資訊系統，並開通了應聘查詢熱線。成千上萬的應聘者，成筐的應聘者來信，這些都是對 SGM 人員招聘策略成功與否的最好檢驗。

(二)嚴格規範的評估錄用程序

1998 年 2 月 7 日，到上海科學會堂參加 SGM 招聘專場的人士無不感慨：「上海通用招聘人才門檻高」！那天，凡是進入會場的應聘者必須在大廳接受 12 名評估員崗位最低要求的應聘資格初篩，合格者才能進入二樓的面試台。由用人部門同應聘者進行初次雙向見面，若有意向，再由人力資源部安排專門的評估時間。在進入科學會堂的 2800 人中，經初步面試合格後進入評估的僅有 100 餘人，最後正式錄用的只有幾十人。

□錄用人員必須經過評估。這是 SGM 招聘工作流程中最重要的一個環節，也是 SGM 招聘選擇員工方式的一大特點。公司為了確保自己能招聘選拔到適應一流企業、一流產品需要的高素質員工，借鑑通用公司在德國和美國的一些工廠採用人員評估中心來招聘員工的經驗，結合中國的文化和人事政策。

建立了專門的人員評估中心，作為人力資源部的重要組織機構之一。整個評估中心設有接待室、面試室、情景類比室、資訊處理室，中心人員也都接受過專門培訓，評估中心的建立確保了錄用工作的客觀公正性。

□標準化、程序化的評估模式。SGM 的整個評估活動完全按標準化、程序化的模式進行。凡被錄用者，須經填表、篩選、筆試、目標面試、情景類比、專業面試、體檢、背景調查和審批錄用九個程序和環節。每個程序和測試都有標準化的運作規範和科學化的選拔方法，其中筆試主要測試應聘者的專業知識、相關知識、特殊能力和傾向；目標面試則由受過國際專業諮詢機構培訓的評估人員與應聘者進行面對面的問答式討論，驗證其登記表中已有的資訊，並進一步獲取資訊，其中專業面試則由用人部門完成；情景類比是根據應聘者可能擔任的職務。編制一套與該職務實際情況相仿的測試項目，將被測試者安排在模擬的、逼真的工作環境中，要求被試者處理可能出現的各種問題，用多種方法來測試其心理素質、潛在能力的一系列方法。如通過兩小組合作完成練習，觀察應聘管理崗位的應聘者的領導能力、領導慾望、組織能力、主動性、說服能力、口頭表達能力、自信程度、溝通能力、人際交往能力等。SGM 還把情景模擬推廣到了對技術工人的選拔上，如通過齒輪的裝配練習，來評估應聘者的動作靈活性、質量意識、操作的條理性及行為習慣。在實際操作過程中，觀察應聘者的各種行為能力，孰優孰劣。

□兩個關係的權衡。SGM 的人員甄選模式，特別是其理論依據與一般的面試以及包括智商、能力、性格在內的心理測驗相比，更注重以下兩個關係的比較與權衡：

⑴個性品質與工作技能的關係。公司認為，高素質的員工必須具備優秀的個性品質與良好的工作技能。前者是經過長期教育、環境薰陶和遺傳因素影響的結果，它包含了一個人的學習能力、行為習慣、適應性、工作主動性等。後者是通過職業培訓、經驗積累而獲得，如專項工作技能、管理能力、溝通能力等，兩者互為因果。因此，在甄選錄用員工時，既要看其工作能力，更要關注其個性品質。

⑵過去經歷與將來發展的關係。無數事實證明：一個人在以往經歷中，如何對待成功與失敗的態度和行為，對其將來的成就具有或正或負的影響。因此，分析其過去經歷中所表現出的行為，能夠預測和判斷其未來的發展。

SGM 正是依據上述兩個簡明實用的理論、經驗和崗位要求，來選擇科學的評估方法，確定評估的主要行為指標，對應聘者進行取捨的。如在一次員工招聘中，有一位應聘者已進入第八道程序，經背景調查卻發現其隱瞞了過去曾在學校因打架而受處分的事，當對其進行再次詢問時，他仍對此事加以隱瞞。對此公司認為，雖然人的一生難免有過失，但隱瞞過錯卻屬於個人品質問題，個人品質問題會影響其今後的發展，最後經大家共同討論一致決定對其不予錄用。

□堅持「寧缺勿濫」的原則。為了招聘一個段長，人力資源部的招聘人員在查閱了上海市人才服務中心的所有人才資訊後，發現符合該職位要求的具有初步資格者只有 6 人，但經評估，遺憾的是一個都不合格。對此，中外雙方部門經理肯定地說「對這一崗位決不放寬錄用要求，寧可暫時空缺，也不要讓不合適的人佔據。」評估中心曾對 1997 年 10 月到 1998 年 4 月這段時間內錄用的 200 名員工隨機抽樣調查了其中的 75 名員工，將其招聘評估結果與半年的績效評估結果做了一個比較分析，發現當時的評估結果與現實考核結果基本一致的佔 84%左右，這證明人員評估中心的評估有著較高的信度和效度。

心得欄 ------------------------------------

第6章

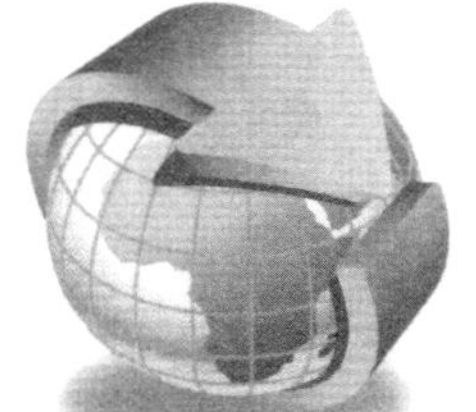

人事經理的員工培訓工作

第一節　員工培訓需求分析

一、培訓需求分析

培訓需求分析(Training Demand Analysis)的任務，就是要回答下面的問題：

⑴為什麼要培訓(Why)。人力資源的開發就是要在最大程度上挖掘組織中人的潛力，使人在工作中充分發揮其優勢。

⑵誰需要培訓和需要什麼培訓(Who)。組織培訓的主體是組織的全部員工，由於員工擔任的職位不同，因此培訓方向具有多樣化的特徵。不同層次的員工需要不同的培訓，培訓的內容也大不相同。

⑶培訓的時間(When)。正確的培訓時間是與組織的經營戰略密切結合在一起的。對於基本的知識、技能和素質，應在員工上崗前就進行培訓。而進一步的技能培訓則可能要求受培訓者具備一定的工作

經驗，這樣才能最大程度地理解和吸收培訓的內容。對新任務要求掌握的技能培訓則不能太早，也不能太晚。

⑷培訓的成本(Cost)。在將不同的培訓方案報至上級決策前，應有對其成本的估算結果。

⑸如何進行培訓(HOW)。根據培訓的目的不同，採取脫產培訓、半脫產培訓、在職培訓等不同的培訓方式進行員工培訓。

⑹培訓的地點(Where)。根據培訓的不同安排，可採用內部培訓、公開課程、研討會等形式，在公司內部或公司外部不同的地點進行培訓。

二、培訓需求分析的內容

培訓需求分析需從多維度進行，包括企業、工作、個人三方面。

1. 組織培訓的目標分析

著重確定企業範圍內的培訓需求，包括對企業目標、資源和環境的分析，以及對人力資源的重要或關鍵方面進行分析，以保證符合組織的整體目標與戰略要求。從組織內外的對比分析，生產經營過程的現狀和問題的對比分析中，根據組織的運營計劃和遠景規劃，預測本組織未來在技術上及組織結構上可能發生什麼變化，確定組織的人才需求結構，瞭解現有員工的能力並推測未來將需要那些知識和技能，從而估計出那些員工需要在那些方面進行培訓，以及這種培訓真正見效所需的時間，以推測出培訓提前期的長短，進而確定培訓的目標與計劃大綱。

2. 企業培訓的需求結構分析

按照組織職務工作標準及相當職務所需的能力標準（職能標

準)，對各部門、各職務工作(崗位)狀況，主要是對擔當工作的員工及員工的工作能力、工作態度和工作成績等，進行對比分析，以確定企業成員在各自的工作崗位上是否勝任所承擔的工作，以及他們達到理想的工作績效所必須掌握的技能和能力，進而確定企業培訓的需求結構。

3. 企業培訓內容和人員分析

逐一對員工的工作過程和工作結果以及工作態度進行考核評價，尤其對那些關鍵工作、關鍵崗位的人員素質進行測評，以確定需要培訓的內容和人員。將員工現有的水準與預期未來對員工技能的要求進行比照，發現兩者之間是否存在差距。研究員工的工作行為與期望行為標準之間的差異，當工作要求大於員工能力時，則需要進行培訓。通過提高員工能力，達到員工的職務(Duty)與職能(Ability)相一致。職務和職能二者都是變數，當職能超過了職務，就需要開發職務，使兩者保持一致；當職務超過了能力，就需要進行培訓，開發職能，使兩者複歸一致。

上述三種分析過程是相輔相成的，由綜合分析到單項分析，由總體分析到個體分析，由抽象分析到具體分析，由大至小逐步明確，直到確定培訓對象。

第二節　員工培訓方案設計與實施

一、培訓方案的設計

培訓方案的設計是培訓目標的具體操作化，即目標告訴人們應該做什麼，如何做才能完成任務，達到目的。培訓方案的設計主要包括以下一些內容：選擇設計適當的培訓項目；確定培訓對象；培訓項目的負責人，包含組織的負責人和具體培訓的負責人；培訓的方式與方法；培訓地點的選擇；根據既定目標，具體確定培訓形式、學制、課程設置方案、課程大綱、教科書與參考教材、培訓教師、教學方法、考核方法和輔助器材設施等。

培訓需求分析是培訓方案設計的指南，一份詳盡的培訓需求分析就大致勾畫出培訓方案的輪廓，下面在培訓需求分析的基礎上，就培訓方案各組成要素進行具體分析。

1. 培訓目標的設置

培訓目標(Training Goal)的設置有賴於培訓需求分析，在培訓需求分析中講到了組織目標分析、需求結構分析和需求人員分析，通過分析，明確了員工未來需要從事某個崗位，若要從事這個崗位的工作，現有員工的職能和預期職務之間存在一定的差距，消除這個差距就是我們的培訓目標。設置培訓目標將為培訓計劃提供明確方向和依循的構架。有了目標，才能確定培訓對象、內容、時間、教師和方法等具體內容，並可在培訓之後，對照此目標進行效果評估。培訓總目標是宏觀上的、較抽象的，它需要不斷分層次細化，使其具體化，具有可操作性。

要達到培訓目標，就要求員工通過培訓掌握一些知識和技能，即希望員工通過培訓後瞭解什麼？希望員工通過培訓後能夠幹什麼？希望員工通過培訓後有那些改變？這些期望都是以培訓需求分析為基礎的，通過需求評估，明瞭員工的現狀，知道員工具有那些知識和技能，具有什麼樣職務的職能，而企業發展需要具有什麼樣的知識和技能的員工，預期中的職務大於現有的職能，則要求培訓。明瞭員工的現有職能與預期中的職務要求二者之間的差距，即確定了培訓目標，把培訓目標進行細化，明確化，則轉化為各層次的具體目標，目標越具體越具有可操作性，越有利於總體目標的實現。

培訓目標是培訓方案實施的導航燈。有了明確的培訓總體目標和各層次的具體目標，對於培訓指導者來說，就確定了實施指導計劃，積極為實現目的而教學；對於受培訓者來說，明瞭學習目的之所在，才能少走彎路，朝著既定的目標而不懈努力，才能達到事半功倍的效果。相反，如果目的不明確，則易造成指導者、受培訓者偏離培訓的期望，造成人力、物力、時間和精力的浪費，提高了培訓成本，進而可能導致培訓的失敗。培訓目標與培訓方案的其他因素是有機結合的，只有明確了目標，才有可能科學地設計培訓方案的其他部份，使設計科學的培訓方案成為可能。

2. 培訓內容的選擇

在明確了培訓的目的和期望達到的學習效果後，接下來就需要確定培訓中所應包括的傳授資訊了。儘管具體的培訓內容千差萬別，但一般來說，培訓內容包括三個層次，即知識培訓、技能培訓和素質培訓，如圖 6-2-1 所示。究竟該選擇那個層次的培訓內容，應根據各個培訓內容層次的特點和培訓需求分析來選擇。

圖 6-2-1　培訓內容包括三個層次

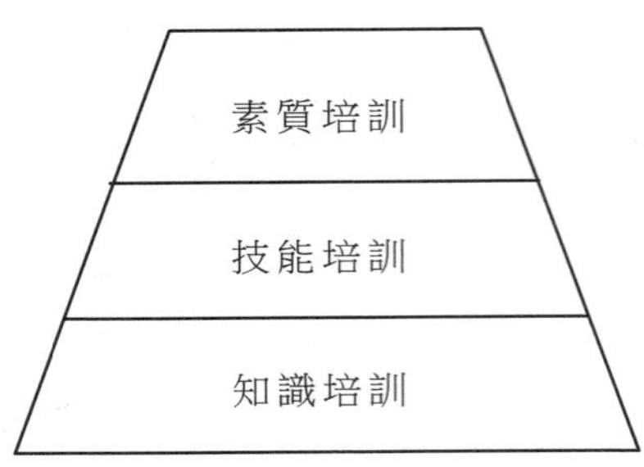

I. 知識培訓(Knowledge Training)

知識培訓是組織培訓中的第一層次。員工只要聽一次講座，或者看一本書，就可能獲得相應的知識。在學校教育中獲得的就是知識。知識培訓有利於理解概念，增強對新環境的適應能力，減少組織引進新技術、新設備、新工藝的障礙和阻撓。同時，要系統掌握一門專業知識，則必須進行系統的知識培訓。要成為複合型人才，知識培訓是其必經途徑。雖然知識培訓簡單易行，但容易忘記，組織僅停留在知識培訓層次上，效果不好是可以預見的。

II. 技能培訓(Skill Training)

技能培訓是組織培訓中的第二個層次。所謂技能就是指能使某些事情發生的操作能力。技能一旦學會，一般不容易忘記，如騎車、游泳等。招進新員工，採用新設備，引進新技術都不可避免要進行技能培訓，因為抽象的知識培訓不可能立即適應具體的操作，無論員工多麼優秀，能力有多強，一般來說都不可能不經培訓就能立即操作得很好。

III. 素質培訓(Quality Training)

素質培訓是組織培訓的最高層次。素質高的員工應該有正確的價值觀，有積極的態度，有良好的思維習慣，有較高的目標。素質高的員工，可能暫時缺乏知識和技能。但他會為實現目標有效地、主動地學習知識和技能；而素質低的員工，即使已經掌握了知識和技能，但他可能不用。

上面介紹了三個層次的培訓內容，究竟選擇那個層次的培訓內容，是由不同的受培訓者具體情況決定的。一般來說，管理者偏向於知識培訓與素質培訓，而一般職員則傾向於知識培訓和技能培訓，它最終是由受培訓者的職能與預期的職務之間的差異所決定的。

3. 選擇培訓資源

培訓資源可分為內部資源和外部資源。內部資源(Internal Resources)包括企業的領導、具備特殊知識和技能的員工；外部資源(Exterior Resources)是指專業培訓人員、學校、公開研討會或學術講座等。在眾多的培訓資源中，選擇何種資源最終要由培訓內容及可利用的資源來決定。

具備特殊知識和技能的員工，是企業的重要內部資源，利用內部資源可使受培訓者和培訓者多方都得到提高。企業內的高層主管是合適人選，首先，他們既具有專業知識又具有寶貴的工作經驗；其次，他們希望員工獲得成功，因為這可以表明他們自己的領導才能；最後，他們是在培訓自己的員工，所以能保證培訓與工作有關。無論採取那種培訓方式，企業組織的領導者都是重要的內部培訓資源。具備特殊知識和技能的員工也可以指導培訓，當員工培訓員工時，由於頻繁接觸，一種團隊精神便在組織中自然形成，而且，這樣做也鍛煉了培訓指導者本人的領導才能。

當組織業務繁忙，組織內部份不出人員來設計和實施員工的培訓方案時，就可求助於外部培訓資源。工作出色的人員並不一定能培訓出同樣出色的員工，因為教學有其自身的一定規律，大多數外部培訓資源恰好是熟悉成人學習教育的培訓人員。外部培訓人員可以根據組織量體裁衣，並且可以比內部資源提供更新的觀點，更開闊的視野。但外部培訓資源也有其不足之處：外部人員需要花時間和精力來瞭解組織的情況和具體的培訓需求，這將提高培訓成本。

外部資源和內部資源各有優缺點，但比較之下，還是首推內部培訓資源，只有在組織業務確實繁忙，分不開人手時，或確實內部培訓資源缺乏適當人選時，才可選擇外部培訓資源。但儘管如此，也要把外部資源與內部資源結合使用才為最佳。

4. 確定培訓學員

根據企業的培訓需求分析，不同的需求決定不同的培訓內容，從而大體上確定不同的培訓對象，即接受培訓者。

新進人員培訓(Induction Training)是向新員工介紹企業的規章制度、企業文化以及組織的業務和員工。新員工來到公司，面對一個新環境，他們不瞭解組織的歷史和組織文化，不瞭解企業的運行計劃和遠景規劃，不瞭解公司的政策，不瞭解自己的崗位職責，不熟悉自己的上司、同事及下屬，因此新員工進入公司或多或少都會有些緊張不安，為了使新員工消除緊張情緒，迅速適應環境，組織有必要針對以上各方面進行崗前培訓。崗前培訓內容決定受培訓者只能是企業的新員工，對老員工來說，這些培訓毫無意義。

對於即將升遷的員工及轉換工作崗位的員工，或者不能適應當前崗位的員工，他們的職能與既有的職務或預期的職務出現了差異，職務大於職能，就需要對他們進行培訓。對他們可採用在崗培訓(On-the-job Training)或脫產培訓(Off-the-job Training)，無論採用那種培訓方式，都足以知識培訓、技能培訓和素質培訓為內容，而不同內容的知識培訓、技能培訓和素質培訓確定了不同的接受培訓者。在具體的培訓需求分析後，根據需求會確定具體的培訓內容，根據需求分析也確定了那些員工缺乏那些知識或技能，培訓內容與缺乏的知識及技能相吻合者，即為本次接受培訓者。

雖然培訓內容決定了大體上的受培訓者，但並不等於說這些就是接受培訓者，還應從確定的這些大體上的受培訓者的角度看其是否適合受訓。首先看這些人對培訓是否感興趣，若不感興趣則不需讓其接受培訓。因為沒有積極性，效果肯定不會很好；其次，要看其個性特點，有些個性是天生的，即使通過培訓能掌握所需的知識、技能，但他仍不適合於該工作，則他需要換崗位，而不是需要培訓。從培訓內容及受培訓者兩方面考慮，最終確定接受培訓者。

5. 培訓日期的選擇

什麼時候需要就什麼時候培訓，這道理顯而易見，但事實上，做到這一點並不容易，並往往有一些誤解。許多企業組織往往是在時間比較方便或培訓費用比較便宜的時候提供培訓。如許多企業把計劃訂在生產不繁忙的時候以防止影響生產，卻不知因為未及時培訓而造成了大量次品、廢品或其他事故，代價更高。再如有些企業把培訓訂在培訓費用比較便宜的時候，而此時其實並不需要培訓。員工培訓方案的設計必須排定何時需要培訓，通常情況下，有下列四種情況之一時就需要進行培訓。

I. 新員工加盟組織。大多數新員工都要通過培訓熟悉組織的工作程序和行為標準，即使新員工進入組織前已擁有了優異的工作技能，他們也必須瞭解組織運作中的一些差別，很少有員工剛進入組織就掌握了組織需要的一切技能。

II. 員工即將晉升或崗位輪換。雖然員工已經成為組織的老員

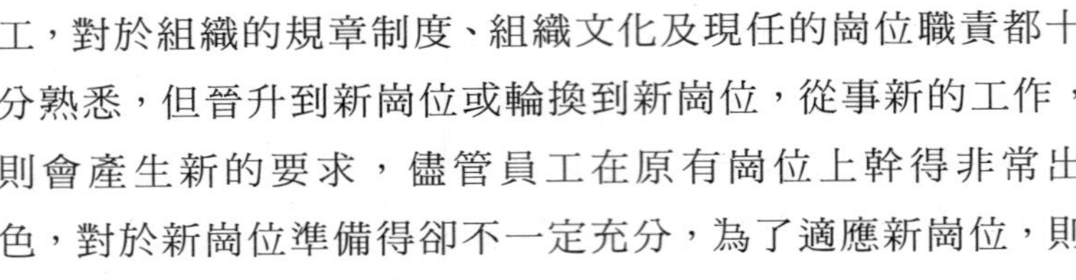

工，對於組織的規章制度、組織文化及現任的崗位職責都十分熟悉，但晉升到新崗位或輪換到新崗位，從事新的工作，則會產生新的要求，儘管員工在原有崗位上幹得非常出色，對於新崗位準備得卻不一定充分，為了適應新崗位，則要求對員工進行培訓。

III. 由於環境的改變，要求不斷培訓老員工。如引進新設備，要求對老員工培訓新技術；購進新軟體，要求員工學會安裝與使用。為了適應市場需求的變化，企業都在不斷調整自己的經營策略，每次調整後，都需對員工進行培訓。

IV. 滿足補救的需要。由於員工不具備工作所需要的基本技能，從而需要用培訓進行補救。在下面兩種情況下，必須進行補救培訓：①由於勞動力市場緊缺或行政干預或其他各方面的原因，組織不得不招聘不符合要求的職員；②招聘時看起來似乎具備條件，但實際使用上其表現卻不盡人意。

在做培訓需求分析時，確定需要培訓那些知識與技能，根據以往的經驗，對這些知識與技能培訓做出日程安排，看大致需要多少時間，以及培訓真正見效所需的時間，從而推斷培訓提前期的長短，根據何時需用這些知識與技能及提前期，最終確定培訓日期。

6. 培訓場所及設備的選擇

培訓內容及培訓方法決定著培訓場所及設備。選擇什麼樣的培訓場地是確保培訓成功的關鍵。

首先，培訓場地應交通便利、舒適、安靜、獨立而不受干擾，為接受培訓者提供足夠的自由活動空間等特點。

其次，培訓場地的佈置應注意一些細節：檢查冷氣機系統以及臨近房間、走廊和建築物之外的雜訊；場地的採光、燈光與培訓的氣氛協調；培訓教室結構選擇方形，便於接受培訓者看、聽和參與討論；教室的燈光照明適當；牆壁及地面的顏色要協調，天花板的高度要適當；桌椅高度適當，椅子最好有輪子，可旋轉便於移動等；教室電源插座設置的數量及距離也要適當，便於接受培訓者使用；牆面、天花板、地面及桌椅反射能保持合適的音響清晰度和音量等。

最後，注意座位的安排，即應根據學員之間及培訓教師與學員之間的預期交流的特點來佈置座位。一般，扇形座位安排對培訓十分有效，不僅便於培訓師的講課，也便於培訓者相互交流。

當然，也可根據培訓目的與方法來佈置教室，例如培訓主要是獲取知識，講座和視聽演示為主要的培訓方法，那麼傳統教室的座位安排就比較合適。總之，選擇和準備培訓場所應以培訓效果為目的。

培訓設備主要包括教材、筆記本、筆、模型，有的還需幻燈機、錄影機等，不同的培訓內容及培訓方法最終確定培訓場所和設備。

心得欄 ____________________________

二、適當培訓方法的選擇

要使員工培訓更有效，適當的培訓方法是必要的。培訓方法大致可分為三類：演示法、專家傳授法和團隊建設法。下面介紹各種培訓方法及其優缺點和適應範圍，如表 6-2-2 所示，為培訓者提供設計和選擇培訓方法的建議。

1. 演示法

演示法(Presentation Methods)是指將受培訓者作為資訊的被動接受者的一些培訓方法。主要包括傳統的講座法、遠端學習法及視聽法。

表 6-2-2　培訓的主要方法

演示法	專家傳授法	團隊建設法
講座法 遠程學習 視聽法	在職培訓 情景模擬法 商業遊戲 個案研究法 角色扮演 行為塑造 互動式視頻 網路培訓	探險性學習 團隊培訓 行動學習

2. 講座法

講座法(Lecture)指培訓者用語言表達其傳授給受培訓者的內容。講座的形式多種多樣，表 6-2-3 描述了不同形式的講座方法。

表 6-2-3　不同形式的講座方法

講座的形式	具體採用的方式
標準講座	培訓者講，受培訓者聽，並吸取知識
團體講座	多個培訓者講不同專題或對同一專題的不同看法
客座講座	客座發言人按事先約定的時間出席並介紹、講解主要內容
座談小組	兩個或兩個以上的發言人進行資訊交流並提問
學生發言	各受培訓者小班在班上輪流發言

不管何種形式的講座，都是一種單向溝通的方式——從培訓者到聽眾。儘管互動式錄影和電腦輔助講解系統等新技術不斷出現，但講座法仍是員工培訓中最普遍的方法。講座法的成本最低、最節省時間；有利於系統地講解和接受知識，易於掌握和控制培訓進度；有利於更深入地理解難度大的內容；而且可同時對許多人進行教育培訓。因此，它可作為其他培訓方法的輔助手段，如行為模擬與技術培訓，講座可以在培訓前向受培訓者傳遞有關培訓的目的、概念模型或關鍵行為的資訊。講座法的不足之處在於：受培訓者的參與、反饋與工作實際環境的密切聯繫——這些會阻礙學習和培訓成果的轉化；它的內容具有強制性，不易引起受培訓者的注意，資訊的溝通與效果受教師水準的影響大。

3. 遠程學習

遠端學習(Long-distance Study)通常被一些地域上較為分散的企業用來向員工提供關於新產品、企業政策或程序、技能培訓以及專家講座等方面的資訊。遠端學習包括電話會議、電視會議、電子文件會議以及利用個人電腦進行培訓。培訓課程的教材和講解可通過網際網路或者一張可讀光碟分發給受培訓者。受培訓者與培訓者可利用電子郵件、電子留言板或電子會議系統進行相互聯繫。遠端學習是參與培訓項目的受培訓者同時進行學習的一種培訓方式，為分散在不同地點的員工獲得專家培訓機會，為企業節省不必要的費用。

4. 視聽法

視聽法是利用幻燈、電影、錄影和錄音等視聽教材進行培訓的方法。這種方法利用人體感覺(視覺、聽覺、嗅覺等)去體會，比單純講授給人的印象更深刻。錄影是最常用的培訓方法之一，被廣泛運用在提高員工溝通技能、面談技能和客戶服務技能等方面，但錄影很少單獨使用。視聽教學法表現出許多優點：

①視聽教材可反覆使用，從而能更好地適應學員的個別差異和不同水準的要求。

②教材內容與現實情況比較接近，易於培訓者借助感覺去理解，加上生動的形象更易引起學員的興趣。

③視聽使受培訓者受到前後連貫一致的指導，使項目內容不會受到培訓者興趣和目標的影響。

④將受培訓者的反應錄製下來，能使他們在無需培訓者進行解釋的情況下觀看自己的現場表現，受培訓者也無法將業績表現不佳歸咎於外部評價者的偏見。

但是，視聽教學在視聽設備和教材的購置上需花費較多的費用和時間，且合適的視聽教材也不易選擇，學員易受視聽教材和視聽場所的限制。因此，該方法很少單獨使用，通常與講座一起向員工展示實際的生活經驗和例子。

5. 專家傳授法

專家傳授法是一種要求受培訓者積極參與學習的培訓方法。這種方法有利於開發受培訓者的特定技能、理解技能和行為，將其應用於工作當中，可使受培訓者親身經歷一次工作任務完成的全過程。包括在職培訓、情景模擬、商業遊戲、個案研究、角色扮演、行為塑造、互動式視頻以及網路培訓等。下面介紹幾種主要的方法。

⑴在職培訓

在職培訓(On-the-Job Training，OJT)是指新員工或沒有經驗的員工通過觀察並效仿同事及管理人員執行工作時的行為而進行學習。與其他方法相比，在職培訓在材料、培訓人員薪資或指導上投入的時間或資金相對較少，因此是一種很受歡迎的方法。不足之處在於：管理者與同事完成一項任務的過程並不一定相同，在傳授有用技能的同時也許傳授了不良習慣。在職培訓的方法多種多樣，主要有學徒制與自我指導培訓法。

⑵情景模擬法

情景模擬法(Scene Analogue Method)是一種代表現實中真實生活情況的培訓方法，受培訓者的決策結果可反映如果其在被「模擬」的工作崗位上工作會發生的真實情況。該方法常被用來傳授生產和加工技能及管理和人際關係技能。模擬環境必須與實際的工作環境有相同的構成要素。模擬的環境可通過模擬器仿真模擬，模擬器是員工在工作中所使用的實際設備的複製品。該方法的有效性在於模擬器對受培訓者在使用設備時遇到的情形的仿真程度，即模擬器應與工作環境的因素相同，其反應也要與設備在受培訓者給定的條件下的反應完全一致。

仿真模擬法的優點在於：能成功地使受培訓者通過模擬器簡單練

習增強信心，使其能夠順利地在現實生產環境下工作。不足之處在於：模擬器開發費用很高，而且工作環境資訊的變化也需要經常更新，因此，利用仿真模擬法進行培訓的成本較高。

最近出現的模擬現實技術被運用於情景模擬領域，即虛擬現實。它是為受培訓者提供三維學習方式的電腦技術，即通過使用專業設備和觀看電腦螢幕上的虛擬模型，讓受培訓者感受模擬環境並同虛擬的要素進行溝通，且利用技術來刺激受培訓者的多重知覺。在虛擬現實中，受培訓者獲得的知覺資訊的數量、對環境感測器的控制力以及受培訓者對環境的調試能力都會影響「身臨其境」的感覺。虛擬現實適用於工作任務較為複雜或需要廣泛運用視覺提示的員工培訓，它能使員工在沒有危險的情況下進行危險性操作；可以讓受培訓者進行連續學習，還可以增強記憶。

⑶商業遊戲

商業遊戲是指受培訓者在一些仿照商業競爭規則的情景下收集資訊並進行分析、做出決策的過程，它主要用於管理技能開發的培訓中。參與者在遊戲中所作的決策涉及各個方面的管理活動，包括員工關係(如集體談判合約的達成)、市場營銷(如新管道的建設、產品的推廣)、財務預算(如籌集新廠房的建設、購買新技術所需的資金)等，遊戲能夠激發參與者的學習動力。通過把從遊戲中學到的內容作為備忘錄記錄下來發現：遊戲能夠幫助團隊迅速構建資訊框架，以及培養參與者的團隊合作精神；遊戲採用團隊方式，有利於營造有凝聚力的團隊氣氛。

與演示法相比，遊戲法顯得更加真實，是一種更有意義的培訓活動。

⑷個案研究法

個案研究法(Document Methodology)是將實際發生過或正在發生的客觀存在的真實情景，用一定視聽媒介，如文字、錄音、錄影等描述出來，讓受培訓者進行分析思考，學會診斷和解決問題以及決策。它特別適合於開發高級智力技能，如分析、綜合評價能力。該方法的優點是提供了一個系統的思考模式，在個案學習過程中，接受培訓可得到管理方面的知識，建立先進的思想觀念；有利於受培訓者參與企業的實際問題的解決；個案還可以使受培訓者在對情況進行分析的基礎上，提高承擔不確定結果風險的能力。為使個案研究教學法更有效，學習環境必須能為受培訓者提供案例準備，及討論案例分析結果的機會；安排受培訓者面對面地討論，或通過電子通信設施進行溝通，並提高受培訓者個案分析的參與度。因此，個案研究的有效性基於受培訓者意願，以及好案例的開發和編寫。

⑸角色扮演

角色扮演法(Role Playing)是設定一個最接近現狀的培訓環境，指定受培訓者扮演角色，借助角色的演練來理解角色的內容，從而提高積極地面對現實和解決問題的能力。

利用角色扮演培訓員工應注意以下問題：①在角色扮演之前向受培訓者說明活動目的，使其感到活動有意義；②培訓者還需要說明角色扮演的方法、各種角色的情況及活動的時間安排；③在活動時間內，培訓者要監管活動的進程、受培訓者的感情投入及各小組的關注焦點；④在培訓結束時，應向受培訓者提問，以幫助受培訓者理解這次活動經歷。

角色扮演有助於訓練基本技能，有利於培養工作中所需的素質和技能，有利於受培訓者態度、儀容和言談舉止的改善與提高。角色扮演不同於情景模擬，主要表現在：角色扮演提供的情景資訊十分有限，而情景類比所提供的資訊通常都很詳盡；角色扮演注重人際關係反應，尋求更多的資訊，解決衝突，而情景類比注重於物理反應(如拉動杠杆、撥個號碼)；情景模擬的受培訓者的反應結果取決於模型的仿真程度，而在角色扮演中結果取決於其他受培訓者的情感和主觀反應。

⑹行為塑造

行為塑造(The Behavior Molds)是指向受培訓者提供一個演示關鍵行為的模型，並給他們提供實踐的機會。該方法基於社會學習理論，適應於學習某一種技能或行為，而不太適合於事實資訊的學習。

有效的行為塑造培訓包括四個重要的步驟：

第一、明確關鍵行為。關鍵行為(Essential Behavior)是指完成一項任務所必需的一組行為。通過確認完成某項任務所需的技能和行為方式，以及有效完成該項任務的員工所使用的技能或行為來確定關鍵行為。

第二、設計示範演示。設計示範演示為受培訓者提供了一組關鍵行為，錄影是示範演示的一種主要的方法。有效的示範演示應具有幾個特點：①演示能清楚地顯示關鍵行為；②示範者對受培訓者來說是可信的；③提供關鍵行為的解釋與說明；④向受培訓者說明示範者採用的行為與關鍵行為之間的關係；⑤提供正確使用與錯誤使用關鍵行為的模式比較。

第三、提供實踐機會。即讓受培訓者演練並思考關鍵行為，將受培訓者置於必須使用關鍵行為的情景中，並向其提供反饋意見。如條件允許還可以利用錄影將實踐過程錄製下來，再向受培訓者展示應如何正確模擬行為，及應如何改進自己的行為。

第四、應用規劃。即讓員工做好準備，在工作當中應用關鍵行為，以促進培訓成果的轉化。如可以讓受培訓者制定一份「規劃」，承諾在工作中應用關鍵行為，培訓者應跟隨觀察受培訓者是否履行了「規劃」。

⑺互動式視頻

互動式視頻是以電腦為基礎，綜合文本、圖表、動畫及錄影等視聽手段培訓員工的一種方法。它通過與電腦主機相連的監控器，讓受培訓者以一對一的方式接受指導，進行互動性學習。受培訓者可以用鍵盤或觸摸監視器螢幕的方式與培訓程序進行互動。培訓項目的內容可以存儲在影碟或移動記憶體上，互動式視頻培訓法可以用來指導技術操作和人際交往技能。

該方法有很多優點：

①受培訓者個性化，完全自我控制或選擇學習內容、學習的進度。

②培訓內容具有連續性，能實現自我導向和自定進度的培訓指導。

③內置的指導系統可以促進員工學習，提供及時的資訊反饋和指導。通過線上服務，能監控受培訓者的績效，受培訓者也可自己得到績效反饋。

④受培訓者的培訓不受任何時間和空間的限制。

但它也存在不足：

①課程軟體發展費用昂貴，不太適用於對創作性技能的培訓，尤其是當受培訓者需要瞭解或給出微妙的行為暗示或認知過程時更是如此。

②不能快速更新培訓的內容，受培訓者對運用新技術來培訓將有所顧慮。

(8)網路培訓

網路是一種廣泛使用的通信工具，是一種快速廉價傳遞資訊的方法，也是一種獲取和分配資源的方式。網路培訓主要是指通過公共的(網際網路)或私有的(內部局域網)電腦網路來傳遞，並通過流覽器來展示培訓內容的一種培訓方式。網路上的培訓可以為虛擬現實技術、動感畫面、人機互動、員工間的溝通以及即時視聽提供支援。網路上的培訓複雜程度各不相同，分為六個層次，從最簡單的層級到最高的層級排序是：

①培訓者和受培訓者之間溝通。

②線上學習。

③測試評價。

④電腦輔助培訓。

⑤聲音自動控制以及圖像等多媒體培訓。

⑥受培訓者與網路上的其他資源相結合進行培訓傳遞，知識共用。

網路培訓與其他多媒體培訓技術所具有的優點相似：

①培訓者可隨時隨地向受培訓者傳送培訓內容。

②可節約培訓成本。

③提高培訓管理效率。

④受培訓者可進行自我指導培訓。

⑤受培訓者可自控學習進度。

⑥具有監督受培訓者業績表現的功能。

⑦培訓的管道可以控制。

從學習與費用角度看，網路培訓還具有以下優點：

①便於受培訓者完全控制培訓傳遞過程。

②培訓內容可與其他資源結合，並與其他受培訓者和培訓者共用資訊，進行有效的溝通。

③培訓內容也能存儲。

④受培訓者參與學習過程使學習和培訓成果容易轉化。

⑤可以同時為多個受培訓者提供不同的培訓資料。此外，網路可通過使用較為流行的網頁文檔格式(HTML)來簡化培訓項目的更新，培訓者能以較低的費用快速更新其培訓項目與使用光碟，這是該方法的巨大優勢。

當然，網路培訓也存在缺點：

①電腦網路難以解決廣泛的視聽問題。

②需要控制和預先通告使用者，難以制定或修訂線性學習方式的培訓課程。

6. 團體培訓法

團隊建設法是提高團隊或群體成員的技能和團隊有效性的培訓方法。它注重團隊技能的提高以保證進行有效的團隊合作。這種培訓包括對團隊功能的感受、知覺、信念的檢驗與討論，並制定計劃以將培訓中所學的內容應用於工作當中的團隊績效上。團隊建設法包括探險性學習、團隊培訓和行為學習。

⑴探險性學習

探險性學習也稱為野外培訓或戶外培訓，它是利用結構性的室外活動，來開發受培訓者的團隊協作和領導技能的一種培訓方法。該方法最適用於開發與團隊效率有關的技能，如自我意識能力、問題解決能力、衝突管理能力和風險承擔能力等。利用探險性學習的方法，其戶外練習應和參與者希望開發的技能類型有關。練習結束後，應由一位有經驗的輔導人員組織參與者進行關於學習內容、練習與工作的關係、如何設置目標和將所學知識應用於工作等問題的討論。

探險性學習的不足在於：它對受培訓者的身體素質的要求高，以及在練習中常常會讓受培訓者之間發生接觸，會給組織帶來一定的風險，這些風險有時是因私怨、感情不和而導致的故意傷害，而不能將其歸咎於疏忽。因此，探險性學習方法的採用應慎重。

⑵團隊培訓

團隊培訓是通過協調在一起工作的不同個人的績效，從而實現共同目標的方法。團隊培訓方法多種多樣，可以利用講座或錄影向受培訓者傳授溝通技能，也可通過角色扮演或仿真模擬，給受培訓者提供講座中強調的溝通性技能的實踐機會。團隊培訓的主要內容是知識、態度和行為。團隊行為(Team Behavior)是指團隊成員採取的可以讓他們進行溝通、協調、適應且能完成任務以實現目標的行動；團隊知識是使團隊隊員記憶力好、頭腦靈活，使其能在意料外的或新的情況下有效運作；團隊隊員對任務的理解和對彼此的感覺和態度因素有關。同時團隊的士氣、凝聚力、統一性與團隊績效密切相關。研究表明，受過有效培訓的團隊能設計一套程序，做到能發現和改正錯誤、協調收集資訊及相互鼓舞士氣。如波音公司利用團隊培訓提高了設計波音 777 的工作團隊的有效性。在波音公司有 250 個工作團隊，每隊有 8～15 個成員從事飛機設計工作。隊員包括不同專業背景的工程師、可靠性能專家、質量專家及市場營銷專業人員。這種類型的團隊叫做同期工程團隊，其優點在於設計和營銷方面的問題可在組裝過程前期被發現，這正是工程師與市場營銷人員在一起工作的結果。

團隊培訓的方式有交叉培訓(Overlapping Training)、協作培訓(Cooperation Training)與團隊領導技能培訓(The Team Lead-skill Training)。交叉培訓是指團隊隊員熟悉並實踐所有人的工作，以便團隊隊員離開團隊後而其他成員容易承擔其工作。協作培訓是指對團隊進行如何確保資訊共用和承擔決策責任的培訓，以實現團隊績效的最大化。團隊領導技能培訓是指團隊管理者或輔助人員接受的培訓，包括培訓管理者如何解決團隊內部衝突，幫助團隊協調各項活動或其他技能。

⑶行動學習

行動學習是給團隊或工作群體一個實際工作中所面臨的問題，讓團隊隊員合作解決並制定出行動計劃，再由他們負責實施該計劃的培訓方式。一般來講，行動學習包括 6～30 個員工，其中包括顧客和經銷商，團隊構成可以不斷變化。第一種構成是將一位需要解決問題的顧客吸引到團隊中；第二種構成是群體中包括涉及同一個問題的各個部門的代表；第三種構成是群體中的成員來自多個職能部門又都有各自的問題，並且每個人都希望解決各自問題。例如，惠爾浦公司(Whirpool)利用行動學習來處理公司曾多支付了從巴西進口的壓縮機關稅的問題。行動學習涉及的是員工實際面臨的問題，所以可使學習和培訓成果的轉化達到最大化，它有利於發現阻礙團隊有效解決問題的一些非正常因素。

第三節　合理支配培訓經費

培訓經費是進行培訓的物質基礎，是培訓工作所必須具備的場所、設施、培訓師等費用的資金保證。人事經理能否合理地分配和管理經費，不僅直接關係到培訓的規模、水準及程度，而且也關係到培訓師與學員能否有很好的心態來對待培訓。

一、培訓經費安排

企業培訓的總預算多少不一，這是正常的，但應該有一個適當的比例。國際大公司的培訓總預算一般佔上一年的總銷售額的 1%～3%，最高的達 7%，平均達 1.5%，而許多企業都低於 0.5%，甚至不少企業在 0.1%以下。

如果包括企業內部人員的費用在內，一些企業的總預算是這樣安排的：30%內部有關人員的薪資、福利及其他費用，30%企業內部培訓，30%派遣員工參加外部培訓，10%作為機動。如果不包括企業內部人員的費用在內，一些企業的總預算是這樣安排的：50%企業內部培訓，40%派遣員工參加外部培訓，10%作為機動。

在安排培訓經費時，人事經理應該注意到企業內部培訓的費用由於形式不同而差異會較大。

企業自己培訓。即由企業內部的培訓師培訓，這類培訓費用最低，如果不涉及到教材的版稅，只要支付內部員工的薪資等費用，再加上一些設備、材料的損耗費就夠了。但由於企業內部培養、貯存卓越型培訓師的費用過大，再加上不少課程無法自己培訓，因此，不少企業，尤其是一些中小企業，並無能力勝任自己培訓。

聘請培訓師內訓。目前培訓師市場價較低。聘請培訓師進行內訓相對費用較低，但是服務往往跟不上，企業還要做很多配合工作，尤其是教材開發方面也存在不足，這些缺點都使其對企業有較大制約。

聘請培訓公司內訓。這種形式效果最好，費用也最高，但與派遣相同人數的員工參加外部培訓的費用相比，又便宜不少。目前聘請培訓公司內訓的費用較高，一些國際培訓公司收費還會高一點。但因為其操作規範、服務精良、培訓師一流，如果能夠承受的話，人事經理最好還是進行這種形式的培訓。

人事經理應根據培訓的不同形式來安排培訓經費，但前提是一定要考慮到培訓經費的預算和企業的實際情況，不要盲目攀比。

二、培訓經費管理

培訓經費的管理是一項具體細緻的工作，如果沒有一定的規章制度作保證，就很容易造成失誤和浪費。因此，一方面要設置專門的經費管理機構，配置專職的財會人員，依照企業有關培訓經費的制度來照章辦事；另一方面制定經費管理的實施細則及嚴格的經費使用審批制度，以防止經費被挪用、濫用，從而保證經費的有效使用。

要保證培訓工作有計劃的進行，人事經理就必須結合培訓工作的實際，在經費的使用上統籌兼顧，分清先後主次、輕重緩急，有計劃、有目的地使用培訓經費。

為了對培訓經費進行更好的管理，人事經理還應作好培訓經費的預、決算管理。培訓經費預算大體由三部份組成：編制預算科目和各項支出明細賬；列出培訓經費計劃指標，包括經費的支出；說明每一項目支出的核算根據及其個別因素。人事經理在編制預算時，要留有一定的機動經費數額，以便應付一些突發事件。經費預算要上報決策部門，履行審批手續之後，才能執行預算。

當培訓結束後，人事經理還應對培訓經費預算執行情況進行總結。其目的在於，通過經費收支數字的核對、檢查，總結預算的執行情況，如各項收支平衡、經費收支比例等，為下一年度的經費預算提供參考。

三、培訓收益計算

目前，有相當一部份企業的人事經理認為培訓是一種成本，作為成本，當然應該能省則省。然而，現代人力資源開發與管理表明培訓有極高的回報率。因為培訓提高了員工的技術熟練程度，使其可以在其他條件不變的基礎上，創造更多的價值，從而帶來企業收益的增加。

美國布蘭卡德訓練中心總裁就舉例：一家汽車公司經過一年的培訓，花去培訓費××萬美元，但當年就節省成本支出×××萬美元，第二年，又節省成本×××萬美元。因此，從某種意義上來說，企業任何設備的功能都是有限的，而人的潛力是無限的。在同樣條件下，通過培訓，使企業效益成倍增長並不是幻想。

具體來說，對企業的培訓收益有兩種計算方法，即直接與間接計算法。

直接計算法。是對員工接受培訓後的效果進行直接觀察，並加以評估。例如，人事經理可以把企業中接受培訓的若干名員工的工作績效，與未接受培訓的若干員工的工作績效進行對比，或者將這些員工接受培訓前後的工作效果進行對比。這樣就可以直接估算出培訓的收益。

間接計算法。是通過對與員工在職培訓有關的指標的計算，來研究這種投資的效益。運用間接計算方法的具體辦法不止一種，其總的思路是：首先找出影響培訓效益的因素，即把這種收益分解為一些具體指標，然後根據這些指標的相互關係進行計算。

有研究表明，企業員工的專業知識和技能的提高是與其收益增長成正比的。一般員工的建議，能使產品成本降低 5%，經過培訓的員工建議能使產品成本降低 10%～15%，受到良好教育的員工的建議能使產品成本降低 30%以上。在未來資訊社會中，產品的價值將主要取決於其科學技術的含量，所以掌握科技文化知識和專業技術的人才是人力資源中的精華，是企業最為寶貴的資產。

心得欄 ______________________________

第四節　因人而異的培訓實施

在企業培訓中，很多人事經理都有一個相同的困惑，那就是：明明看起來非常有效的培訓方法，為什麼用在某個人身上卻沒有效果呢？這是因為他們沒有能夠根據員工的不同種類來選擇培訓方法的原因。

在一個企業中，不同的員工有不同的職責，對企業也起著不同的作用。這時，人事經理就應該根據不同的員工來實施不同的培訓，這樣才能真正達到培訓的目的。下面我們就介紹一下人事經理應該如何針對新進員工、骨幹人員、管理人員以及決策人員來實施培訓。

一、新進員工培訓

新進員工在企業裏不適應一天，企業寶貴的時間與金錢就要流失一天，於是，企業的人事經理就面臨著一個嚴峻的考驗：怎樣將新員工與企業資源整合在一起以發揮更大的價值？解決這個問題的最有效的辦法就是對新進員工進行系統的培訓，一般包括：崗前集中培訓、崗後分散訓練、崗位知識培訓和跟蹤指導訓練四個部份。

二、骨幹人員培訓

在企業中，人們常常喜歡強調領導者的作用，而忽視了執行者——即經辦人員所起的關鍵作用。執行者常常就是企業的業務骨幹，他們的能力與素質如何，將直接決定著企業的生死成敗。人事經理在對業務骨幹進行培訓時，主要應考慮培訓骨幹員工的角色意識與創造力。

1. 角色意識培訓

這種培訓的目的是加強培養骨幹人員的角色意識，使他們能夠對自己在企業內的角色進行準確的定位，明確角色被賦予的含義，並根據自己的角色，學習解決問題的方法，變提出問題的表達方式為解決問題的表達方式，學會在部門間進行有效的資訊交流，以解決實際工作中遇到的困難。

2. 開發創造力

在培養了企業骨幹人員的角色意識後，另一個重要的培訓項目就是骨幹人員的創造性開發了。創造性是人類最寶貴的能力，有了這種能力，人類才能產生新思想、新事物，才會有層出不窮的形形色色的創造發明，從而推動著社會不斷前進。企業的興旺發達與創造力開發密切相關，由於骨幹人員都是業務的重要執行者，企業開發他們的創造力越普遍深入，企業就越有活力和後勁。

對骨幹員工創造性開發的目的，就是使他們能夠具備產生新思想、新事物的能力，如產生新的設計、新的工藝、新的方法、新的理論、新的發明能力等。簡而言之，就是具備創造性地解決問題的能力。

三、管理人員培訓

在一個企業中，管理人員構成了企業運作的架構，是上層決策者與下層員工溝通的橋樑，關係到企業的各項決議能否得到有效貫徹等一些關鍵性的問題。管理人員作為企業的支柱，要讓他們發揮出全方位的管理能力，就必須進行科學的培訓。

事實上，在現代化大生產條件下，對任何一個企業來說，無論是管理人員，還是一般員工，都只有通過不斷的學習、進步、充實和提高，才能適應企業內外環境日新月異的變化，才能勝任要求不斷提高的各項工作。管理人員的培訓是人員配備職能中的一個重要方面，其目的是要提高企業中各級主管人員的素質、管理知識水準和管理能力，以適應管理工作的需要，適應新的挑戰和要求，從而保證企業目標的實現。

由於主管人員是企業活動的主導力量，主管人員管理水準的高低，直接決定著企業活動的成敗，因而人事經理應將對主管人員的培訓工作，看作是一項關係企業命運、前途的戰略性的工作來對待。應當把培訓工作作為企業一項長期活動的內容，建立起有效的培訓機構和培訓制度，針對各級各類主管人員的不同要求，採用各種方法進行培訓。

管理人員作為培訓對象，根據其培訓特點的不同，可以分為兩大類，即任職的管理人員與剛剛選拔出來準備任職的管理人員，他們雖然也可能現正任職，但卻是準備提升到更高的職位上。

培訓的對象不僅僅是中下層的管理者，也應包括上層的管理者，而且，上層管理者還應該首先受訓。這首先是由他所在的重要崗位所決定的。其次是因為在整個培訓過程中，他負有培訓下級的責任。作為教員，他自己必須對管理學的基本原理有比較深刻的理解，必須率先學習和運用管理的一些新觀點、新方法和新技術，必須理論聯繫實際，現身說法，這樣才有可能培訓好下級。此外，作為最上層的管理者，還要在理論上總結自己的經驗，不斷地豐富管理理論的內容。

總之，凡是任現職的管理人員，其培訓的重點都是提高現有的各方面的素質和能力，圓滿地做好現任工作。對於後者，他們將離開熟悉的現任，奔赴新的、責任更重大、風險和機會也更多的陌生職位。因此其培訓的重點應是儘快地瞭解和熟悉新的環境，以使他們能夠迅速地勝任新的工作。

心得欄 ----------------------------------

第五節　員工培訓的評估

培訓評價是員工培訓中的重要環節。一般包括五個方面的工作：確定培訓項目評價標準，評價方案設計，培訓控制，對培訓的評價以及對培訓後果的評價。

一、確定培訓項目評價標準

為評價培訓項目，必須明確根據什麼來判斷項目是否有效，即確立培訓的結果或標準。只有目標確定後才能確定評價標準，標準是目標的具體化，又稱為目標服務。

評價標準通常由評價內容、具體指標等構成。

制定標準的具體步驟分為：

①對評價目標進行分解。

②擬訂出具體標準。

③組織有關人員討論、審議，徵求意見，加以確定。

④試行與修訂。

在確定標準時必須把握一定的原則：

①評價標準的各部份應構成一個完整的整體。

②各標準之間要相互銜接、協調。

③各標準之間應有一定的統一性與關聯性。

二、評價方案設計

企業可以採用不同的評價設計來對培訓項目進行評價。主要有以下幾種：

⑴小組培訓前和培訓後的比較。即將一組受培訓者與非受培訓者進行比較。對培訓結果的資訊要在培訓之前和之後有針對性地進行收集，如果受培訓者的績效改進大於對比小組，則培訓有效。

⑵參訓者的預先測驗。它是讓受培訓者在接受培訓之前先進行一次相關的測試，即實驗性測試。一方面使受培訓人員在接受培訓之前受到一次培訓，以更好地引導培訓的側重點，同時也可對培訓效果進行評價。

⑶培訓後測試。它只需收集培訓的結果資訊。如果評價設計中找到對比小組，操作則更方便。

⑷時間序列分析。即利用時間序列的方法收集培訓前、後的資訊，以此來判斷培訓的效果。它經常被用於評價結果會隨著時間發生變化的一些可觀察的事情(如事故率、生產率及缺勤率等)的培訓效果。

三、培訓控制

培訓控制貫穿於整個培訓實施過程之中，即根據培訓的目標、員工的特點，調整培訓系統中的培訓方法、進程等。它要求培訓組織者具有觀察力，並經常與培訓教師、受培訓者溝通，以便及時掌握培訓過程中所發生的意外情況。

四、培訓的評價

進行培訓評價時應對培訓目標、方案設計、場地設施、教材選擇、教學的管理，以及培訓者的素質等各個方面進行評價。因此，評價內容包括：評價培訓者、評價受培訓者和評價培訓項目本身。

評價的過程一般包括：首先是收集數據，如進行培訓前和培訓後的測試、問卷調查、訪談、觀察、瞭解受培訓者觀念，或態度的轉變等；其次是分析數據，即對收集的數據進行科學地處理、分析比較和解釋數據並得出結論；最後是把結論與培訓目標加以比較，提出改進意見。

五、培訓結果的評價

培訓結果的評價，是對培訓效果轉移的評價，是指對員工接受培訓後，在工作實踐中的具體運用或工作情況的評價。對培訓效果的評價要考慮評價的時效性，有些培訓效果是即時性的，如對操作人員進行一種新設備操作技能的培訓，其培訓效果在培訓中，或在培訓結束後就會表現出來，則即時性評價能說明培訓的效果；而有些培訓的效果要通過一段時間才能表現出來，如對管理人員進行綜合管理能力的培訓，在這種情況下，對受培訓者長期的或跟蹤性的評價則是必需的。

1. 回任工作後的評定方法

結訓後一段時期，通過調查受培訓者的工作效益來評定培訓成效。如結訓後每隔六個月，以書面調查或實地訪問的方式，調查受訓者在工作上的獲益情形。

⑴實地觀察受訓者的工作實況，評定培訓的成效。如根據實地觀察發現，受過培訓的員工在工作上確能表現出高昂的工作熱誠，良好的工作態度，高度的責任心、較高的工作技能等，則可認定培訓已發生效果。

⑵調查或訪問受訓者的上級主管或下屬，根據所得意見來評定培訓的成效。受訓者回任工作一段時間後，以書面調查或實地訪問的方式，瞭解受訓員工的上級主管或下屬對受訓者在工作上表現的看法，如主管人員是否認為受過培訓的員工的工作有進步。無論是主管或下屬的意見，均是評定培訓成效的重要資料。

⑶分析培訓者的人事記錄評定培訓的成效。如受過培訓的員工的績效考核較以前有進步，缺勤和請假次數減少，受獎勵次數增加，則表示培訓對該員工的工作積極性已發揮作用。

⑷根據受過培訓與未受培訓的員工工作效率的比較來評定培訓成效。

⑸根據受過培訓的員工是否達到工作標準，來評定培訓的成效。

⑹根據可否達到培訓目標來評價培訓的成效。如回任工作後，員工解決了培訓計劃中預期需要解決的問題，或達到了培訓計劃所規定的要求，則說明培訓已產生了效果。

2. 培訓結業時的評定方法

⑴應用學識技能的測驗評定培訓成效。對參加測驗的員工在培訓開始和結束時用同樣的方式，先後做兩次，把兩次測驗進行比較。

⑵應用工作態度調查評定培訓成效。對參加培訓的員工，在開訓和結訓時，用同樣的方式調查員工對工作的態度。

⑶調查員工關於培訓的改進建議。在結業時把調查表發給受訓員工，徵求他們對培訓的意見，如員工確能提出有價值的改進建議或其他意見，則表示員工對培訓已獲得應有的重視，並具有更深的認識，可斷定培訓已有成效。

⑷記錄培訓期間出席人員的變動情況。在培訓期間，可約定若干人員為觀察員，平心靜氣地觀察培訓的進行情況，及受培訓人員平時對培訓工作的反應，在結訓時提出觀察報告。

⑸根據主持培訓及協助培訓的人員的報告來評定培訓成效。

⑹根據受培訓人結訓成績，評定培訓成效。

表 6-5-1　培訓制度

企業的制度化管理，是現代企業管理的重要特徵。企業通過制度來實施各項管理，使企業成員的行為符合特定的標準。為了進一步做好企業培訓工作，使各級人員明確在培訓工作中的相應職責，人力資源部特制定培訓制度。

1. 培訓計劃

⑴人力資源部依據主管部門對各專業、各工種和各崗位人員的要求，編制企業年度外派培訓計劃和費用計劃。

⑵人力資源部依據人力資源考核、日常監督檢查所發現的問題，隨時制定內部培訓計劃，開展相關培訓。

⑶新員工入職培訓、上崗培訓、在崗培訓作為企業的固定培訓內容，必須嚴格執行。

⑷新員工入職培訓通用教材由人力資源部負責組織編制，並根

據企業經營情況隨時進行修改。員工的上崗和在崗培訓教材，由員工直接上級負責編制，報人力資源部備案，需要對培訓內容進行修改、補充時，應及時通知人力資源部。

2. 其他有關規定

⑴人力資源部負責組織新員工的入職培訓，並配合各部門進行員工的上崗和在職培訓。

⑵人力資源部定期以簡報形式，將培訓工作情況匯總後上報。

⑶全體員工有權監督、指導培訓工作的開展，有權對培訓工作提出相應的合理化建議和意見，並提供有關資訊和資料，人力資源部將根據企業的實際情況負責組織和實施。

⑷培訓可以採用靈活多樣的方式，例如，講課、外出參觀學習，局域網共用學習資料，觀看錄影，討論、技術比賽等。

⑸企業鼓勵員工利用業餘時間或在不影響工作的前提下，開展各種形式的自我培訓和學歷學習。例如，MBA、高等教育自學考試、成人高考、電腦等級考試、各種職稱任職資格考試和專業技術學習等。參加此類學習的員工，應到人力資源部備案，企業將在工作時間安排等方面盡力予以配合。

⑹凡企業員工外出培訓(取證、取得學歷等)，涉及由企業支付費用或佔用工作時間的，經企業同意後按下列規定執行：

①員工必須事先填寫《培訓申請表》經批准後，報人力效法部備案。同時簽訂《培訓協議》，雙方簽定生效後執行。

②《培訓協議》一式兩份，員工和人力資源部各執一份。

③非學歷培訓

因工作需要，本人申請，培訓費由企業統一支付。如需完成服務期限的，按下述規定執行。

經企業同意佔用工作時間的(不含企業內部培訓)，參訓期間不得影響工作，或委託他人代理工作，必要時必須返回企業工作。

佔用工作時間的培訓，培訓時間在 15 天以上的，應與企業簽訂培訓協議。從培訓結束之日起計算服務期，按培訓期 15～30 天應為企業服務滿 0.5 年，培訓期 31～60 天應為企業服務滿 1 年，培訓期 61～90 天應為企業服務滿 1.5 年，其他情況雙方另行約定。

企業統一支付培訓費××××元以上的，應與企業簽訂培訓協議。從培訓結束之日起計算服務期，培訓費××××～×××××元應為企業服務滿 0.5 年，培訓費×××××～××××××元應為企業服務滿 1 年，培訓期×××××～××××××天應為企業服務滿 1.5 年，其他情況雙方另行約定。

如工作時間及培訓費用均在上述規定服務期限之內的，服務期限累加計算。

培訓費用按服務期限月數分攤，服務期限每滿期 1 個月遞減 1 月費用。未滿服務期的，需支付違約金，按月計算員工應支付的違約金額。

同次或同年內累計培訓佔用工作時間在 30 天以內的或業餘時間學習的員工，薪資及福利待遇不變。

每週佔用工作時間 1～3 天、培訓期累計佔用工作時間超過 30 天的，稱為半脫產培訓，每週佔用工作時間 4～5 天、培訓期累計佔用工作時間超過 30 天的，均稱為脫產培訓。

半脫產參訓人員，當月享受基本薪資、福利薪資、年功薪資三項之和的 90%享有社會保險福利待遇。

脫產參訓人員，當月(或某月)只享受基本薪資、福利薪資、年功薪資三項之和的 80%，享有社會保險福利待遇。

④學歷培訓

參加學歷培訓的員工，一般應於業餘時間學習，培訓費由員工先行支付。

學歷培訓取得學位後，憑學位證書、論文、學費發票可獲得一定比例的學費報銷，並應為企業服務滿一定期限，按下述標準執行。

取得學士學位後，憑證書、論文和發票一次報銷學費的 60%。服務期限為 2 年，取得了學位之日起計算服務期，滿第 1 年遞減所報學費的 65%，滿第 2 年遞減所報學費的 35%。

取得碩士學位後，憑證書、論文和發票一次性報銷學費的 80%。服務期限為 3 年，自取得學位之日起計算服務期，滿第 1 年遞減所報學費的 45%，滿第 2 年遞減所報學費的 35%，滿第 3 年遞減所報學費的 20%。

取得博士及以上學位者，憑證書、論文和發票一次性報銷學費的 100%。服務期限及滿服務期遞減比例雙方事先約定。

未滿服務期限約定的，需支付違約金，計算方式為未滿期限之比例計算的報銷金額。

攻讀碩士以上學位的員工，在學習開始時，可向企業申請借學費，與企業簽訂《借款合約》，借款期限一般為 1 年，最長不超過學習期限，借款年利第為_____%

員工培訓學習期間，無論何因而使雙方解除工作合約，企業沒有承擔員工學成之後報銷學費的義務。員工所借款項按《借款合約》約定執行。

⑤參加了兩種以上培訓的員工，應分別填寫《培訓協議書》，報銷時間及比例分別計算，服務期限累計計算。

3. 具體培訓規劃

⑴入職培訓

①目的

通過入職培訓，使新員工瞭解企業的基本情況，對企業的各項工作有初步的認識和瞭解。所有新入職員工在入職的第一週都應接受培訓及考核。

②培訓內容

企業概況、組織機構及主管管理層成員；

企業的經營方針、目標和企業精神；

企業管理規章制度、品質管理和資訊管理等內容；

對員工的期望及要求。

③培訓方式

以人力資源部及相關專業人員宣講為主。

④培訓時間

入職後一週內，兩個工作日(其中包括考核時間)。

⑤考核

培訓結束後，將採用閉卷方式進行考試 80 分為合格，不合格者將進行再培訓，仍不合格者企業將不予錄用。

⑥試用期跟蹤考查

入職員工培訓合格進入試用期後，其直接上級應做好跟蹤考查工作，確保該員工能夠按照職位說明書及操作規程等進行工作。

⑵**上崗和在職培訓**

①目的

上崗和在職培訓是使員工正式上崗之前和之後，對本崗位的崗位職責和操作規程、工作程序有一個全面、系統、正確的瞭解、認識和掌握，以保證企業各項工作的正常開展。員工入職培訓合格或崗位、職位變動，需進行上崗培訓，培訓合格方可上崗。

②培訓內容

應知部份：如崗位的基本情況(崗位職責、人員配置及設備、設施的分佈等)；

應會部份：崗位工作操作規程、工作程序，相關管理知識、服務意識和技巧，異常狀況時的特殊處理程序等。

③培訓方式

宣講、實際案例分析和實際操作相結合，由員工直接上級負責培訓，人力資源部協助。

④培訓時間和地點

根據培訓內容和相關要求，由人力資源部協助安排。

⑤考核

培訓結束後，將採用閉卷、實操等方式進行考試，80 分為合格，不合格者將進行培訓，仍不合格者將不得上崗。

⑶**其他培訓**

①經理級員工培訓將根據企業長遠發展目標和總經理的指示進行，以不斷提高各部門經理的專業知識、管理知識、管理水準和管理技巧。

②對企業內部發生的重大事件，將邀請總經理、副總經理及相關專業人員進行專題培訓，不斷改進工作方式、方法，以提高企業的競爭能力。

⑷**獎勵和懲罰**

①對參加在職培訓、短訓、講座和專題材料自學一貫認真的員工或其論文、心得優秀者，企業頒發優秀學員、優秀論文證書給予物質獎勵。

②對自費參加學歷培訓的員工，攻讀碩士以上學位的員工，在學習開始時，可與企業簽訂《借款合約》，向企業借學費，借款期限為一般為 1 年，最長不超過學習期限，借款年利率為__%。

③對參加非學歷證書培訓的員工，非工作因素不參加學習或培訓者，由企業公佈並給予批評教育，缺勤時間按曠工處理。

④對參加非學歷證書培訓的員工，考試不及格無法取得學習證書者，學費自理，學習所佔用的工作時間將用倒休沖抵，或扣除相應日數薪資。必要時企業允許員工參加第二次培訓，第二次培訓仍不合格者，除學費自理，學習所佔用的工作時間將用倒休沖抵，或扣除相應日數的日薪資。

⑤對企業統一支付費用或培訓後已報銷學費的，凡未能為企業工作達到約定服務期限，培訓費用或企業的經濟損失按下述規定執行：

A・員工原因提出提前解除工作合約，從員工離職之日起，計算未滿服務期應支付的違約金；

B・員工因違反企業管理規章制度被辭退、除名或開除的，或在合約期內擅自離職，除應支付未滿期限之違約金額作為補償外，並應賠償未滿服務期給企業造成的經濟損失每月_____元；

C·除上述①、②條所列原因外，其他原因使員工未能為企業工作達到約定期限而提前與企業解除合約者，從解除工作合約之日起，計算未滿服務期應支付的違約金。

備註：培訓費指報銷憑證所列「培訓、學費」的相關金額。

(5)培訓記錄

所有培訓記錄由人力效法部統一保存。培訓記錄包括：培訓計劃、教學內容和安排、培訓申請表、培訓協定、考核記錄、員工培訓登記表等。

心得欄

表 6-5-2　培訓協定範本

編號：

甲方：企業

乙方：企業

經乙方本人申請，甲方審核同意，由甲方出資，乙方外出參加培訓。甲方選派乙方到______參加______培訓，學習期限為__年(天)，自__年__月__日始，至___年__月__日止。

甲乙雙方協商一致、平等自願簽訂本協定，內容如下。

1. 培訓繳費類型(兩項只選其一)。

培訓費由乙方先行支付，培訓結束後按甲方的《培訓工作管理規定》(為本協定附件)和本協定約定，憑相關證書或證件及發票按比例報銷培訓費，乙方應按約定為甲方服務滿規定期限。

培訓費由甲方統一支付，培訓結束後，按甲方的《培訓工作管理規定》(為本協定附件)和本協定約定，乙方應為甲方服務滿規定期限。

2. 培訓期間工作安排、薪資及福利待遇按《培訓工作管理規定》相關規定執行。

3. 乙方在培訓學習期間，應嚴格保守企業機密，遵紀守法，虛心學習先進經驗和技術，圓滿完成培訓學習任務。

4. 乙方在培訓學習期間，除應遵守培訓單位的各項規章制度外，還應遵守甲方的所有規定。

5. 乙方培訓學習結束，返回工作崗位後兩週內，需向甲方人力資源部提交一份培訓報告，作為企業內部培訓材料，並有義務對本部門相關崗位的其他員工進行培訓。

6. 乙方完成學業後

(1)應取得____________________證書。

(2)若乙方未能取得證書，由乙方先行支付費用的，甲方不予報銷；由甲方統一支付費用的，則甲方有權從乙方薪資中扣除。乙方所佔工作時間按《培訓工作管理規定》之相關規定執行。

7. 服務期限約定如下。

由甲方統一支付非學歷培訓費用的，乙方就要為甲方服務滿個月，自__年__月__日至__年__月__日。

乙方完成學歷培訓後由甲方報銷培訓費用的，按學位證書記錄取得學位之日起計算應為甲方服務年限。按《培訓工作管理規定》約定服務期應滿__年，自__年__月__日至 _年__月_日。

8. 培訓費報銷、費用遞減約定如下。

(1)非學歷培訓

由甲方統一支付培訓費用的，培訓費用按服務期限月數分攤，服務期限每滿 1 個月遞減 1 個月費用。

(2)學歷培訓

乙方完成學業後憑_____學位證書、畢業論文、學費發票、本協議到甲方人力資源部備案後，甲方一次性為乙方報銷學費。

報銷比例為學費的□60%　　□80%　　□_____%

報銷金額_____元，大寫__________。

服務期限滿第 1 年遞減所報學費的__%；服務期限滿第 2 年遞減所報學費的__%；服務期限滿第 3 年遞減所報學費的__%

(3)其他約定

9. 違約責任如下。

甲方為乙方支付或報銷培訓費用後，無論何因乙方未能為甲方工作達到本協議約定期限的，按下列標準執行。

⑴乙方原因提出提前解除工作合約，從乙方離職之日起，計算乙方未滿服務期應支付的違約金。

⑵因違反甲方管理規章制度被辭退、除名或開除的，或在合約期內擅自離職，除應支付未滿期限之違約金額為補償外，並應賠償未滿服務期給甲方造成的經濟損失，每月____元。

⑶除上述⑴、⑵條所列原因外，其他原因使員工未能為甲方工作達到約定期限而提前與甲方解除合約者，從解除工作合約之日起，計算乙方未滿服務期應支付的違約金。

備註：培訓費指報銷憑證所列「培訓、學費」的相關金額。

10. 本協定為工作合約的附件。

11. 本協定未盡事宜，雙方應友好協商解決，若不能達成共識，可報仲裁委員會申請仲裁。

本協議自雙方簽定之日起生效，本協議一式兩份，甲乙雙方各持一份，具同等法律效力。

甲方：　　　　　　　　乙方：

簽章　　　　　　　　　簽章

年　月　日　　　　　　年　月　日

表 6-5-3　2005 年度培訓計劃

1. 總結 2004 年培訓

⑴2004 年培訓計劃整體完成情況良好，各部門均按照年初制定的培訓計劃對部門內部人員進行了相關培訓。

⑵培訓過程中存在著培訓內容針對性、目的性不強，重點不突出等問題。主要存在如下問題。

①培訓目標不夠明確，培訓計劃與各部門本年度的工作計劃結合不夠緊密，即便將培訓計劃按部就班地完成，實際效果也不理想，沒有發揮培訓應有的作用。

②培訓完成後的相關後續工作沒有跟上，如培訓後的效果反饋、培訓評價和資訊傳遞等。

③培訓計劃未得到預算的有力支援，導致有些培訓很難正常進行。

④各部門對培訓工作的重視不夠。部門經理應在完成繁忙的業務工作的同時，對本部門的培訓給予足夠的重視。

2. 2005 年培訓計劃的制定

⑴建議在制定 2005 年培訓計劃時，應以實現培訓目標為前提，切實提高培訓的可實施性。應將培訓重點體現在三個方面。

①將企業部門經理級(即高層管理人員)人員列為 2005 年培訓重點，對其進行業務及管理方面的系統培訓。如果能通過培訓提高高層管理人員的管理及技術水準，就可以有效地帶動普通員工提高工作能力，可以起到自上向下的推動作用。

②對於滿足各部門年度經營計劃需要的培訓，應與部門 2005 年的工作計劃緊密結合，培訓形式以部門經理及部門業務骨幹外派

參加公開課為主，學習後可將培訓內容以授課的形式在部門內部傳播，起到知識傳播者的作用。借此方式既可達到培訓的目的，又可降低培訓成本。

③通過會議、座談等形式，組織全體員工參加培訓，培訓可涉及企業簡介(發展史、組織結構和主要業務等)、企業規章制度及福利待遇和企業最新發展動態等。因為員工對企業的發展等相關情況非常關心，希望能通過正常管道加以瞭解。如果可以將各部門員工共同感興趣的培訓計劃上升為企業級培訓計劃，把大家組織到一起進行培訓，一方面可有效降低培訓成本，同時也可以加強員工間的溝通。

對於滿足員工崗位職業技能需求的培訓，需通過績效考核等方面的配合才可有效進行，故此次培訓計劃的制定暫不涉及此方面內容。

⑵2005 年培訓計劃制定程序

①各部門首先完成《2005 年部門工作計劃》的制定。

②各部門根據定稿後的工作計劃，與部門內員工進行溝通交流後，擬定部門培訓需求，並詳細、完整填寫《部門培訓需求調查表》，並交回人力資源部。

③各部門經理根據個人實際情況及工作中實際遇到的問題等，認真填寫《高層管理人員培訓需求調查表》，並交回人力資源部。

④人力資源部根據各部門交回的《部門培訓需求調查表》、《高層管理人員培訓需求調查表》，編制 2005 年培訓計劃，定稿並發放給各部門。

⑶2005 年培訓計劃執行程序

①各部門應嚴格按照培訓計劃進行培訓工作。

②各部門需每季度向人力資源部報本季度培訓課程及培訓時間安排，以便人力資源部提前安排。

③人力資源部根據實際需要，協助各部門組織安排培訓工作的實施並為各部門員工建立《員工培訓檔案》。

④培訓執行程序如下。

A．部門內請講師培訓

首先，培訓完成後，培訓部門填寫《部門內部培訓記錄》，並報人力資源部存檔；

最後，各部門根據實際情況，組織進行培訓效果跟蹤、評價。

B．部門派人員參加培訓企業的公開課。

第一步：人力資源部根據部門需求，為部門外派參加公開課的員工辦理報名手續。

第二步：參訓人員需在培訓結束後撰寫《員工培訓報告書》、完成培訓相關材料的整理，並報人力資源部存檔。

第三步：參訓人員取得的相關證書由人力效法部統一保管，員工本人保留複印件。

第四步：部門內部安排時間，由參加外訓人員以授課或其他方式為本部門員工進行培訓，並形成《部門內部培訓記錄》交人力資源部存檔。

第五步：各部門根據實際情況，進行培訓效果跟蹤、評價。

C．外請講師組織內訓。

第一步：由人力資源部協助需求部門對外聯繫培訓企業及師資。

第二步：內訓師資及時間確定後，由人力資源部負責完成培訓場地、培訓設施等方面的準備工作。

第三步：培訓結束後，受訓部門完成《內中總結報告書》，並由各參訓人員填寫《培訓效果反饋調查表》交人力資源部存檔。

第四步：各部門根據實際情況，組織進行培訓效果跟蹤、評價。

D・每季度末，各部門應對本季度的培訓工作進行匯總，並對培訓效果進行跟蹤、評價和分析，寫出書面總結報人力資源部，為以後的培訓工作提供參考。

3. 培訓計劃制定及執行過程中，需各部門配合完成如下工作

⑴各部門需根據本部門 2005 年工作計劃，切實找出部門培訓需求，並將需求詳細填入《部門培訓需求調查表》。

⑵各部門經理可從個人在工作中實際遇到的問題著手，找出自己目前最需改進或完善的地方，並填寫《高層管理人員培訓需求調查表》。

⑶人力資源部根據各部門培訓計劃制定培訓費用預算後，需財務部提供配合與支援。

第六節 案例：麥當勞的培訓課程計劃

麥當勞在速食業中好像滾雪球一樣，遍佈在世界各城市。麥當勞為實現其經營哲學：「在時間和空間上，所生產的食品和服務沒有任何兩樣」，而格外重視培訓。為了保證各連鎖店在服務品質上的一致性，它在美國的伊力諾州艾克格魯夫市（靠近芝加哥）設有漢堡大學（設有公認的學位培訓機構）。這所大學提供不同的培訓，有如何做漢堡、炸薯條，也有餐廳管理。

麥當勞把美國劃分為 24 個區域，每個區域都進行一些初級培訓，各區域店裏均設置門市部經理、操作經理及培訓經理。

門市經理下設 25 個區店顧問，執行麥當勞的評估與品質管制；操作經理下設 4～5 個地方督導，負責執行各店的經營利潤分析；培訓經理下設 10 個培訓廁問負責提供 1/3 班級活動管理培訓、1/3 現場工作人員培訓及 1/3 的實習參 1/3 其他店。

以下分別列出區店顧問的課程表、地方督導的課程表及培訓督導（顧問：的課程表，以供參考。

區店部顧問課程表說明：

在簡介以後，進行門市部的歷史與經理職責的講解。第三堂課是介紹責任區的管理，主要是講授如何有效地和門市部的操作員工相處。第四堂課是教導處理店主可能對門市部經理的需求及問題解決。第五堂課是講授一些狀況處理的策略與技巧。第六堂課是教授財務觀念，以使學員瞭解財務報告的說明與填寫，利潤分析及成本觀念。第七堂課是講授區店顧問的技巧與目標。第八堂課是以討論方式進行特別及限時的主題培訓。第九堂課是分店執照的申請與條款解釋及簽約。第十堂課是新的計劃、工作步驟或產品發佈會的培訓。第十一堂課評估新店開張的條件(人、事、物、時、地)。第十二堂課的講義是如何對分店主做評估和對他們做業務說明。第十三堂課是講授整個食品的銷售計劃。第十四堂課是瞭解各分店店主的經營需要與形態。

區域督導課程表說明：

在簡介以後，講解區域督導的角色與責任。第三堂課講授分析培訓的需要。第四堂課講授時間管理。第五堂課是分析銷售地理環境(交通狀況，腹地面積、人口等)。第六堂課是系統分析問題的練習，以此作為政策制定的推理基礎。第七堂課是講授挑選人才的要領。第八堂課是講人力資源管理以降低員工離職率。第九堂課是提高人際關係的培訓教材，用團隊活動的方式來進行。第十堂課是講授商店經營的原則和技巧及一些要點。第十一堂課是講授分店店主的經營理念與形態(其處理衝突的形態、溝通的風格)。第十二堂課是講授安全的時間、地點及政策。第十三堂課是進行管理的討論會。第十四堂課是講授能源管理。第十五堂課是財務管理的實習(如預算的擬定，收支表的填寫)。第十六堂課是講授在經營上可能突發狀況的處理，或新產品、新的生產方式的誕生的適應。第十七堂課是綜合座談會。

培訓督導的課程表說明：

在簡介以後，講解培訓的系統方法，從需要的分析到培訓的評估的概念瞭解。第三堂課是講授培訓的各種方法。第四堂課進行管理問題的討論。第五堂課是擬定報告的標準。第六堂課是分析培訓的需要。第七堂課是做口頭與書面報告的技巧練習。第八堂課是教學實習和鑑定。第九堂課是視聽教育課程，培養製作媒體和使用的能力。第十堂課是講授測驗報告的編寫與評估的技巧。第十一堂課講授確認培訓的效用，以說服老闆或員工做好培訓。第十二堂課是講授培訓目標的擬定。第十三堂是講授門市部的培訓活動和諮詢。

附表 1　麥當勞漢堡大學的區店顧問課程表

一、簡介

二、必備條件

三、註冊

四、課程

☐導論　1 小時

☐門市部歷史和工作職責　1.5 小時

☐責任區管理　2 小時

☐對分店店長的工作場所教學　2 小時

☐調整策略和門市部顧問策略　2 小時

☐財務一、二、三和四　8 小時

☐整個區店部顧問技巧和目標　2 小時

☐管理工會　1 小時

☐執照　1.5 小時

☐操作發展工會　1.75 小時

☐新店的開張　2 小時

☐分店店主評估　1.75 小時

☐全體的食品銷售目標　1.5 小時

☐分店店主的形態　3 小時

附表 2　麥當勞漢堡大學的區域督導課程表

一、簡介

二、必備條件

三、註冊

四、課程

□導論

□區域督導的角色

□分析培訓需要

□時間管理

□銷售建築物

□系統問題分析/政策決定邏輯

□挑選人才

□人力資源管理

□提高人際關係的實習

□商店經營

□老闆風格

□安全性

□管理討論會

□管理能源

□財務管理

□操作過程的變化

□公開討論會

附表 3　麥當勞漢堡大學的培訓督導課程表

一、簡介

二、必備條件

三、註冊

四、課鞋

□導論

□培訓的系統取向

□培訓方法

□管理討論會

□擬訂報告的標準

□分析培訓需要

□技巧練習

□教學實習和鑑定

□視聽教育

□測試效果的結構和評估

□培訓效用

□培訓目標

□門市部的活動和顧問

第7章

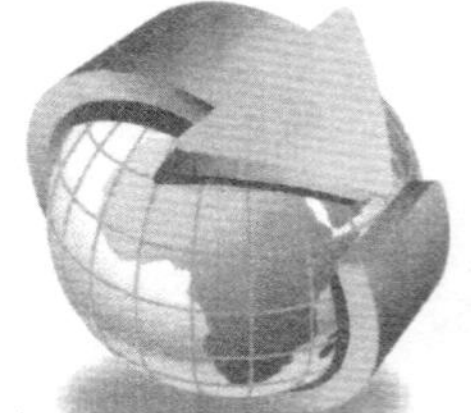

人事經理的薪資管理工作

第一節　薪資制度設計

一、薪資制度設計的基本流程

薪資制度是企業薪酬管理的重要內容，薪資制度的設計也是企業人力資源管理中最複雜、涉及因素最多的工作。所謂薪資制度設計，指在薪酬計劃的指導下，建立一套科學有效的薪資支付體系的過程。

1. 制定付酬原則和策略

在企業的經營戰略、發展戰略、人力資源戰略等戰略的指導下，付酬原則和策略要反映各項戰略的需求。付酬策略作為薪資制度設計的綱領性文件，它包含以下內容：

①對員工本性的認識，對員工總體價值的認識，對高級管理人才、專業技術人才和營銷人才的價值評估等核心價值觀；

②企業基本薪資制度和分配原則；

③企業薪資分配政策與策略，如薪資拉開差距的分寸標準、薪資、獎金、福利的分配依據及比例標準等。

2. 崗位設置與工作分析

在公司組織發展計劃的基礎上，做好崗位設置，進行科學的工作分析，產生崗位結構圖和工作説明書體系，這是薪酬設計的前提與基礎。

3. 職務評價

通過職務評價對各項工作進行分析和比較，準確評估各項工作對企業的相對價值，這是實現內在公平的關鍵。

4. 薪酬調查

通過定期的薪酬調查，瞭解和掌握本地區、本行業的薪酬水準狀況，特別是競爭對手的薪酬狀況，參照其薪酬水準及時制定和調整本企業對應工作的薪酬水準及薪酬結構，確保企業薪資制度外在公平。

5. 薪資結構設計

薪資結構，指組織結構中各項工作的相對價值及其對應的實付薪資之間保持何種關係，再現為「薪資結構線」(橫軸是各個職務的相對價值，縱軸是其對應的實付薪資)，這種關係根據組織具體情況所決定的原則而定。

6. 薪資分等級定薪

為了簡化薪酬管理，對薪資結構線上反映出來的薪資關係進行分等處理，將相對價值相近的各項工作合併成一組，統一規定一個相應的薪資，稱為一個薪資等級，把企業的薪酬系統組合成若干個薪資等級。

7. 薪資方案的實施、修正和調整

一方面，在落實薪資方案的過程中需要不斷地修正方案中的偏差；另一方面，要建立薪酬管理的動態機制，根據企業經營環境的變化和企業戰略的調整，對薪酬方案適時地進行調整。

二、職務評價

職務評價是根據一定的評價方法，按每項工作對企業貢獻的大小，確定其具體價值的過程。其目的在於衡量企業內部每一項工作的價值，並建立各項工作價值間的相對關係。

1. 職務評價的原則

⑴對崗原則

職務評價針對的是工作崗位而不是目前在這個崗位上的人。

⑵一致性原則

所有崗位必須通過同一套評價方法進行評價。

⑶付酬因素無重疊原則

職務評價考察的各項付酬因素，彼此間是相互獨立的，各項付酬有其各自的評價範圍，這些範圍彼此間不重疊。

⑷針對性原則

評價的付酬因素應盡可能地結合企業實際，付酬因素對企業有針對性。

⑸評價人員獨立原則

參加評價的人員，要獨立地對各個職位進行客觀評價，不受他人影響。

⑹保密原則

由於薪酬設計具有極度敏感性，職位評價的工作程序及評價結果在一定時間內應該是保密的。

2. 準備工作

職務評價需要做好準備工作，諸如工作說明書、選定適當的評價人員等。

3. 職務評價方法

常用的職務評價方法有四種：簡單排序法、分類套級法、因素比較法、評分法。

⑴**簡單排序法**

簡單排序法是由評價人員根據對各項工作的經驗認識和主觀判斷，對各項工作在企業中的相對價值進行整體比較，並加以排除的職務評價方法。評價人員一般綜合考察以下付酬因素：工作職責、工作許可權、任職資格、工作條件、工作環境等。表 7-1-1 是某企業採用簡單排序法對所設一般崗位進行職務評價的實例。

具體操作是將評價人員根據崗位在公司戰略中的地位確定排序得分。將公司所設崗位列成表格，橫排表示該崗位在與相鄰崗位進行優劣比較中的得分，相對較優的崗位得 1 分；相對較次的崗位得 0 分。橫排所有得分加總，得到該崗位與所有其他崗位進行排序比較中的排序得分，序號表示排序結果。

簡單排序法適用於規模較小、結構簡單、職務類別較少而評價員對本企業各項工作十分瞭解的小企業。

表 7-1-1 簡單排序法舉例

崗位名稱	司機	人事	培訓	會計	出納	市研	產研	廣告	銷售	售後	採購	庫管	設計	研發	文案	施工	業務
司機		0	0	0	0	0	0	0	0	0	0	1	0	0	0	0	0
人事	1		1	1	1	0	0	1	1	1	1	1	0	0	1	1	1
培訓	1	0		0	1	0	0	0	1	1	1	1	0	0	1	1	1
會計	1	0	1		1	0	0	1	1	1	1	1	0	0	1	1	1
出納	1	0	0	0		0	0	0	0	0	0	1	0	0	0	0	0
市研	1	1	1	1	1		1	1	1	1	1	1	1	1	1	1	1
產研	1	1	1	1	1	0		1	1	1	1	1	1	1	1	1	1
廣告	1	0	1	0	1	0	0		1	1	1	1	0	0	1	1	1
銷售	1	0	0	0	1	0	0	0		0	0	1	0	0	0	0	0
售後	1	0	0	0	1	0	0	0	1		0	1	0	0	1	0	1
採購	1	0	0	0	1	0	0	0	1	1		1	0	0	1	0	1
庫管	0	0	0	0	0	0	0	0	0	0	0		0	0	0	0	0
設計	1	1	1	1	1	0	0	1	1	1	1	1		0	1	1	1
研發	1	1	1	1	1	0	0	1	1	1	1	1	1		1	1	1
文案	1	0	0	0	1	0	0	0	1	0	0	1	0	0		0	1
施工	1	0	0	0	1	0	0	0	1	1	1	1	0	0	1		1
業務	1	0	0	0	1	0	0	0	1	0	0	1	0	0	0	0	

⑵分類套級法

分類套級法是評價者預先制定出一套職務級別標準，將待定級的職務與標準進行比較分析和整體的綜合性評價，並將其編入相應的職務級別中。

分類套級法的操作步驟如下。

①劃分職務類別將企業中所有崗位分為若干類型，如管理類、業務類、技術類、勤雜類等。

②分級將每類職務分為若干等級，等級數的多少取決於職務的複雜程度，即所要承擔的職責輕重、技能繁簡等要求。

③制定標準從每類職務中，挑選代表性職務，並對該職務的主要職責和規格進行描述，作為同類職務的級別標準。

④套級將待定職務與職務級別標準進行對照，並根據對照結果將其編人相應的級別之中。

表 7-1-2 是某公司業務類職務分組標準。

表 7-1-2　某公司業務類職務分級標準

等級	等級描述
實習行銷員	不獨立開展業務，協助資深經理處理訂單、交貨、回款等業務，根據資深經理的安排與客戶進行聯繫，在資深經理的指導下洽談業務、簽訂銷售合約
行銷員	在行銷員崗位上實習滿 1 年。獨立開展銷售業務，但業務範圍僅限於公司劃定的某市或縣範圍內進行，定期向資深行銷員彙報業務開展情況
資深行銷員	擔任行銷員職務滿 3 年以上。負責某省範圍內的業務工作，指導、監督行銷員開展業務，負責策劃所轄範圍內的營銷活動並組織實施
轄區經理	擔任資深行銷員 3 年以上。負責某區(轄數省)範圍內的業務工作，負責在本轄區內落實公司的營銷策略
銷售中心經理	擔任片區經理 3 年以上。主持公司的產品銷售和市場開拓工作，在營銷副總的指導下制定公司的營銷策略，確保完成公司的營銷計劃

把待定職務與這些列入既定標準的關鍵職務對照，不難使企業大部份職務找到對應的級別。例如，剛剛畢業的大學生應聘業務類職務，則只能應聘或被安排在實習行銷員等級。

該方法不能明確賦予各級的相應數值，給具體確定薪資額帶來了困難。僅適用於小型的、結構簡單的企業。

⑶因素比較法

因素比較法是在確定關鍵崗位和付酬因素的基礎上，制定關鍵崗位排序表，然後將待評崗位就付酬因素與關鍵崗位進行比較，確定待評崗位的薪酬水準。

因素比較法的實施步驟如下。

①選擇適當的付酬因素，包括技能、腦力、體力、責任、工作條件等 5 項因素。

②確定關鍵崗位。關鍵崗位在企業中涵蓋廣泛，代表不同難度的同類型崗位，並對每個關鍵崗位進行詳細的崗位說明。以某磚廠為例，選擇 6 個關鍵崗位：裝窯工、燒窯工、切坯工、碼垛工、篩沙工、勤雜工，並簡寫為「裝、燒、切、碼、篩、勤」。

③排出因素序。將各關鍵崗位按照不同的工作因素進行比較，並分別做出等級排列。

④確定關鍵崗位的正確薪資率，如表 7-1-3 所示。

表 7-1-3 某燒磚廠 6 個關鍵崗位薪資率

	裝窯工	燒窯工	切坯工	碼垛工	篩沙工	勤雜工
薪資率	750	690	630	570	510	450

⑤賦予關鍵崗位各付酬因素以薪資額，並排出薪額序。將關鍵崗位的薪資率進行分解，按比重分配給各付酬因素。如裝窯工人的薪資

率為 750 元，分配給 5 個因素的薪資額分別為：技能 225 元，腦力 112 元，體力 150 元，責任 75 元，工作條件 188 元。據此排出關鍵崗位在同一因素上的高低順序，即薪額序。

⑥將因素序與薪額序進行比較，對排序不一致的進行調整，使之完全吻合。如表 7-1-4 所示。

表 7-1-4　崗位薪資率與因素分配及依薪與依因素排序

付酬因素	崗位	裝	燒	切	碼	篩	勤
	薪資率	750	690	630	570	510	450
技能	因素薪	225	207	126	114	76	45
	薪額序	1	2	3	4	5	6
	因素序	1	2	3	4	5	6
腦力	因素薪	112	143	63	138	51	108
	薪額序	3	1	6	2	6	4
	因素序	3	1	6	2	6	4
體力	因素薪	150	69	189	90	102	85
	薪額序	2	6	1	4	3	5
	因素序	2	6	1	4	3	5
責任	因素薪	75	168	94	57	153	140
	薪額序	5	1	4	6	2	3
	因素序	5	1	4	6	2	3
工作條件	因素薪	188	103	158	171	128	72
	薪額序	1	5	3	2	4	6
	因素序	1	5	3	2	4	6

⑦將待評崗位就不同付酬因素與關鍵崗位逐一進行比較，並參考關鍵崗位各付酬因素的薪資額，確定待評崗位在各付酬因素上的薪資額。

⑧將待評崗位各付酬因素的薪資額相加，得到待評崗位整體薪資率。

因素比較法是較完善的工作評價系統方法，可靠性較高，並且可得出具體的薪資額，付酬因素的賦值標準無上、下限之分，比較靈活。但是，因素比較法運用起來難度較高，須聘請專家指導，而且在評分過程中，仍帶有一定的主觀成分，員工又不易理解，所以可能會使一部份員工懷疑其公平性。

⑷評分法

評分法，是把工作的構成因素進行分解，按照事先設計出來的結構化量表對每種工作要素進行估什，附以合理的糾偏措施，將評價的偏差降至最低。評分法是目前運用最廣泛的工作評價方法之一。

職務評價因素及定義分級表(如表 7-1-5 所示)明確地給出了涉及崗位的 4 個方面共 28 個評價因素，大致覆蓋了一般崗位的全部情況，可以比較客觀地反映崗位的價值。每一項因素下都具體地列出了如何劃分等級，並且在最右邊一欄給出相應的分數。這個表格十分清晰地將崗位分解成具體的分數，非常直觀，不需要很高的學習成本就可以掌握使用。

表 7-1-5　職務評價因素與定義分級表

責任因素	風險控制責任	無任何風險。0 分
		僅有一些小的風險。一旦發生問題，不會給公司造成多大影響。20 分
		有一定的風險。一旦發生問題，給公司所造成的影響能明顯感覺到。40 分
		有較大風險。一旦發生問題，會給公司帶來較嚴重的損害。60 分
		有極大風險。一旦發生問題，對公司造成不可挽回的影響，甚至使公司經濟危機直至倒閉。80 分
	成本控制責任	不可能造成成本費用等方面的損失，5 分；造成較小的損失，15 分；造成較大的損失，20 分；造成重大的損失，25 分；造成不可估量的損失，40 分
	指導監督責任	沒有監督指導責任，0 分；監督指導下屬 3 人以下，10 分；監督指導 4～10 人，15 分；監督指導 11～20 人，20 分；監督指導 21～35 人，25 分；監督指導 36～50 人，30 分；監督指導 50 人以上，40 分
	內部協調責任	不需要與任何人進行協調，若有，也是偶爾與本部門的一般職工協調。0分
		僅在本部門內進行協調，偶爾與其他部門進行一些個別協調，協調不力一般不影響正常工作。7分
		與本部門和其他部門職工有密切的工作聯繫，協調不力會影響雙方的工作。15分
		幾乎與公司所有職工有聯繫，或與部份部門經理有必要的協調。協調不力對公司有影響。22分
		與各部門的負責人有密切聯繫，在工作中需要保持隨時溝通，協調不力對公司有重大影響。30 分

續表

責任因素	外部協調責任	不需要與外界保持密切聯繫，0分；需要與外界保持日常常規性聯繫，10分；需要與外界發生特別性聯繫，20分；需要與外部單位負責人密切聯繫，該聯繫常涉及重大問題或影響決策，30分
	工作結果責任	只對自己的工作結果負責，10分；需要對自己和所監督指導者的工作結果負責，15分；對整個工作組的工作結果負責，20分；對整個部門的工作結果負責，30分；對整個公司的部份部門工作結果負責，40分；對全公司的工作結果負責，55分
	組織人事責任	不負有組織人事的責任，0分；僅對個別職工有該責任，10分；對一般職工有該責任，25分；對基層的負責人有該責任，40分；對中層領導有該責任，50分 註：組織人事責任指分配工作任務、考核和激勵的責任
	法律責任	沒有法律責任，0分；偶爾負部份法律責任，10分；經常負部份法律責任，15分；經常負全部法律責任，20分 註：負法律責任，指參與有關法律合約(技術協議)的制定和簽約。
	決策責任	決策不影響他人，6分；決策影響部份一般職工，12分；決策影響所屬人員，18分；決策需與其他部門負責人協商，24分；參與最高層決策，30分

續表

<table>
<tr><td rowspan="8">知識技能因素</td><td>學歷</td><td>高中、職業高中或中專畢業，5分；大學專科，10分；大學本科，15分；碩士，20分；博士，30分</td></tr>
<tr><td>知識多樣性</td><td>不需要涉及其他學科知識，7分；需要相近專業知識的支援，14分；需要2門以內跨專業學科知識支持，22分；需要2門以上跨專業學科知識支持，30分</td></tr>
<tr><td>熟練期</td><td>3個月之內，4分；3～6個月，8分；6～12個月，12分；1～2年，16分；2年以上，20分</td></tr>
<tr><td>工作複雜性</td><td>簡單的、獨立的工作，8分；需簡單提示即可完成工作，16分；需進行專門訓練方能勝任的專一技能工作，24分；需運用多種專業技能，常做獨立計劃判斷，32分；高度的計劃性和判斷力，40分</td></tr>
<tr><td>工作經驗</td><td>3個月之內，5分；3～6個月，10分；6～9個月，15分；9～12個月，20分；1～2年，28分；2～5年，36分；5年以上，40分</td></tr>
<tr><td>工作靈活性</td><td>常規性工作，很少或不需要靈活性，0分；大部份屬常規性工作，偶爾需要靈活處理一些一般性問題，10分；經常靈活處理工作問題，20分；大部份屬非常規工作，主要靠靈活地按具體情況妥善處理，30分；工作非常規，需在複雜多變的環境中靈活處理重大的偶然性問題，40分</td></tr>
<tr><td>語言應用能力</td><td>一般信函、簡報、備忘錄和通知，10分；報告、彙報文件、總結，15分；公司文件或研究報告，或一般使用外語，20分；合約或法律條文，或熟練使用外語，25分</td></tr>
</table>

續表

知識技能因素	數學或電　腦	只需使用整數加減，5分；使用基本工具軟體(辦公自動化軟體)，10分；使用電腦開發工具軟體，25分
	專業技能	基本不需要專業技術知識，0分；只需要易掌握的常識性的專業技術知識，10分；需要很難掌握的要求較高的專業技術知識，20分；需要非常高的專業技術知識，該知識涉及公司的競爭能力，40分
	管理知識技能	工作簡單，基本不需要管理知識，0分；需要基本的管理知識，10分；需要較強的管理知識和管理能力，20分；需要非常強的管理能力和決斷能力，該工作影響到公司正常生產與經營，35分
	綜合能力	工作簡單，無需特殊技能，10分；工作規範程序化，僅需某方面的專業知識和技能，20分；工作多樣化，需多種知識技能靈活處理問題，35分；非常規性工作，需在複雜多變的環境中處理事務，需要高度綜合能力，50分
努力程度因素	工作壓力	極少迅速作決定，工作很少被打斷或者干擾，10分；很少迅速作決定，工作速度沒有特定要求，手頭的工作有時被打斷，20分；要求經常迅速作出決定，任務多樣化，手頭的工作常被打斷，或工作流動性強，35分；經常地迅速作出決定，任務多樣化，工作時間很緊張，或工作流動性很強，50分
	腦力辛苦程度	體力為主的工作，心神、視力與聽覺隨便，6分；不需高度集中精力，只從事一般強度腦力勞動，12分；少數工作時間必須高度集中精力，從事高強度腦力勞動，20分；一般工作時間必須高度集中精力，從事高強度腦力勞動，25分；多數工作時間必須高度集中精力，從事高強度腦力勞動，30分

續表

努力程度因素	工作地穩定性	累計出差時間小於1個月/年，0分；累計出差時間1～3個月/年，4分；累計出差時間3～6個月/年，8分；累計出差時間6～9個月/年，14分；累計出差時間大於9個月/年，20分
	創新與開拓	程序化、規範化工作，無需開拓創新，0分；工作基本規範化，偶爾需要開拓創新，15分；工作時常需要開拓和創新，30分；工作性質本身即為開拓和創新的，40分
	工作緊張程度	工作節奏、時限自己掌握，沒有緊迫感，10分；大部份時間的工作節奏、時限自己掌握，有時比較緊張，但時間持續不長，20分；工作的節奏、時限自己無法控制，明顯感到工作緊張，30分；為完成每日工作需要加快工作節奏，持續保持注意力的高度集中，每天下班時經常明顯感到疲勞。40分
	工作均衡性	一般沒有忙閑不均的現象，7分；有時忙閑不均，但有規律性，14分；經常有忙閑不均的現象，且沒有明顯的規律，21分；工作經常忙閑不均，而且忙的時間持續很長，打破正常的作息時間，30分
工作環境因素	職業病或危險性	無職業病的可能，或沒有可能對身體造成危害，0分；會對身體某些部位造成輕度傷害，或不注意可能造成人體輕度傷害，6分；對身體某些部位造成能明顯感覺到的損害，或發生意外可造成明顯傷害，12分；對身體某部位造成損害身體使其痛苦，或工作危險大，有可能造成很大傷害，20分
	工作時間特徵	按正常時間上下班，7分；基本按正常時間上下班，偶爾需要早到遲退，14分；上下班時間視具體情況而定，但有一定事實上的規律，自己可控制安排，21分；上下班時間根據具體情況而定，並無規律可循，自己無法安排控制，30分

上表中給出的是一般企業共有的、常見的一些因素，企業可以根據實際情況，對表中的某些因素進行增刪和調整，在保證各評價因素及其分值不會對結果造成破壞性影響的前提下，使評價結果更符合企業實際情況，體現企業的戰略目標。

該方法的優點是，能夠較準確地衡量職位的相對價值；可以明確得出各薪級之間的分割點；如果編制成職位評價手冊，可以連續使用較長時間，對以後評價新增加的職位也十分方便。但是，採用這種方法也受一定條件限制。首先，此方法過程複雜，需要很多時間及努力才能完成。比如，在編寫因素及等級定義時，需對每種工作進行深入地研究，並掌握一定的寫作技能。所以，建立這套方法具有相當的難度。其次，當聘請外界專家參加與制定評價方案時，成本較高。

1951 年，美國薪資設計專家艾德華 N· 海(Edward N.Hay)開發的海氏工作評價系統「指導圖表——形狀構成法」，實質上也是一種評分法。他將付酬因素分為技能水準、解決問題的能力和承擔的職務責任三部份，三個因素下又各細分為若干子因素。海氏崗位評價系統將三種付酬因素的各因素進行組合，形成三張崗位評價指導圖表。對於不同的崗位，海氏賦予不同的權重進行加總得出崗位評價總分。這種方法有效地解決了不同職能部門的不同職務之間相對價值的相互比較和量化的難題。

三、薪資分級和定薪

1. 薪資分級

在實際工作中，企業常常把各種類型工作對應的薪資值合併成若干等級，形成一個薪資等級系列，也就是薪資分級。薪資分級將相對價值接近的職務編入同一等級。如圖 7-1-1 所示，同一職務等級付給相同的薪資。企業職級的數目不能少到相對價值相差甚大的職務處於同一職級，這樣不但不能體現公平原則，而且難以晉升，也不能多到價值稍有不同，便處於不同職級而需做區分的程度，這樣會使晉升的刺激作用減弱。通常，企業薪資等級系列在 10～15 級之間。

圖 7-1-1 中每一個薪資等級只有一個單一的薪資值，但實際上工作級別所對應的薪資往往是一個範圍，即薪幅。

薪幅可以不變，也可以隨等級上升而累積擴大。如圖 7-1-2 所示，級別越高，薪幅越大。當職級所包含的相對價值範圍較廣、職務較多，而工作績效主要取決於員工的個人能力與努力程度等非客觀條件時，當企業政策提薪較頻時，職級的薪資變化幅度亦大。

圖 7-1-1　企業等級的劃分

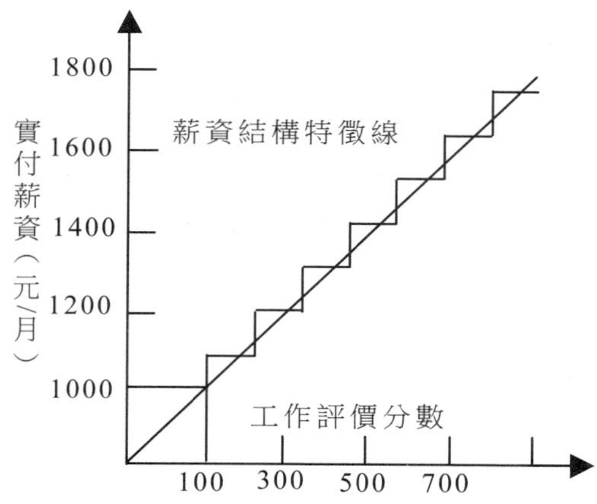

圖 7-1-2　薪資等級劃分及薪幅

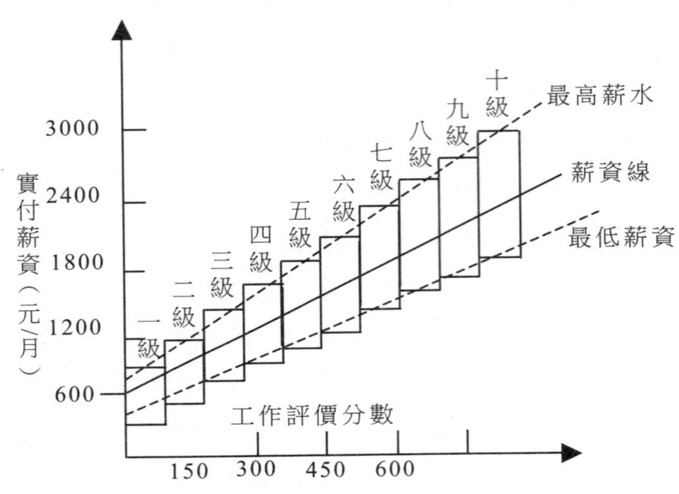

2. 定薪

定薪有如下兩種方法。

①設置薪資轉換表，根據薪資轉換表將職務分值直接轉換為相應的薪資金額。在用評分法完成職務評價之後，每種職務都獲得了一個具體的點數，將這些點按大小順序加以排列，就得到了職務評價等級表。通過對等級表的分析，需要將一些分得過細的等級予以合併，以一定的點數區間劃分等級。一般地，一個企業的職級數定在 10～15 間較為合適。

②將企業各職務分值求和，得到企業所有職務的總分值，將企業薪資總額除以企業的職務總分值，可得到每一分的薪資含量，一般稱為點值，用點值乘以每個職務的分值，就可得到每個職務的薪資標準，其公式為：

職務薪資=職務分值×薪資總額/∑職務分值

四、薪資方案調整

在保證薪資方案相對穩定的前提下，應隨企業經營狀況和市場薪資水準的變化做相應的調整。摩托羅拉有一整套非常完備的薪資福利制度，包括固定薪資、浮動薪資、獎金、保險等。人力資源部每年都要進行市場調查研究，按工種、職位調查同行業的薪資水準，調查當地的經濟增長速度、有多少大公司將進入當地投資、整個市場形勢如何，從而制定有競爭力的薪資福利體系。

薪資調整包括薪資水準調整和薪資結構調整。

企業薪資水準制定以後，並不是僵化不變的，為了強化薪資策略目標的實現，需要不斷對薪資水準進行調整。薪資水準調整的主要類型有以下幾種：

1. 獎勵性調整：是針對員工做出的優良業績進行的獎勵，目的是為了激勵員工的行為。

2. 補償式調整：是為了補償員工因通貨膨脹導致的實際收入無形減少的損失所進行的薪資水準的調整，有如下 3 種方式。

①等比式調整，即所有員工都在原有薪資基礎上調升同一百分比。等比式調整使薪資偏高的調升絕對值幅度較大，似乎進一步擴大了級差。但等比式調整保持了薪資結構內在的相對級差，使代表企業薪資政策的斜率按統一規律變化。

②等額式調整，即全體員工不論原有薪資高低、一律給予等幅的調升。這樣會引起級差比的縮小，致使特徵線上每一點的斜率按不同規律變化，動搖了原薪資結構設計的依據。

③薪資指數化，即薪資與物價直接掛鈎。員工薪資用指數表示，

實際薪資收入等於薪資指數乘以最低生活費，最低生活費則依物價的變動而變動。薪資指數化的目的是為了消除物價波動對員工薪資水準的影響，對員工薪資根據物價指數的變動而相應進行調整，使薪資的增長高於或至少不低於物價的上漲。

3. 效益調整：是當企業效益較佳、盈利頗豐時，對全體員工進行的普遍調高。這種調整可能是浮動式的、非永久性的，效益欠佳時可能調回。

4. 工齡調整：指隨著員工工齡的增加，逐年等額調升員工薪資。

企業的薪資結構要定期進行調整，結構調整包括薪資標準和薪資等級調整兩個方面，薪資標準的調整主要參考市場薪資率的變化；薪資等級的調整主要是理順企業員工的內部關係，方法有以下幾種。

①採取不同方式調整高、中、低 3 個層次人員的薪資比重。在企業總額中，高、中、低三個層次員工所佔的薪資比重是不一致的，高級管理人員人數少，但人均佔有薪資比重高。在調整薪資結構時，對不同層次員工採取不同的措施。比如，為了降低成本，對於高級管理人員，採取降低錄用率的措施，效果較為明顯；對於中級管理人員，可以採取調整固定薪資和績效薪資結構的方法，相對提高績效薪資的比重，並加大對績效薪資的考核力度；對於基層管理人員，則可採取延長工作時間或儘量壓縮企業規定的休假時間，但不增加薪資或增幅不大的方法，同時會起到降低成本的作用。

②調整薪資標準和薪資率。隨著績效薪資制和彈性薪資制的推廣，企業在調整薪資結構時，廣泛採用調整薪資標準和薪資率的措施，其中薪資等級「寬波段化」趨向是典型做法。「寬波段化」，指將薪資等級延長，將薪資類別減少，由原來的十幾個減少至三五個；在每種類別上，包含著更多的薪資等級和薪資標準；各類別之間薪資標

準交叉。其主要優點如下。

首先，使企業在員工薪資管理上具有更大的靈活性。新的「波段」設置以後，使同一水準薪資的人員類別增加，一些下屬甚至也和主管享受一樣的薪資待遇，員工薪資浮動幅度加大，對員工的激勵作用加強。

其次，比較適用於一些非專業化的、無明顯專業區域的工作崗位和組織，這些工作很難運用傳統的工作評價和勞動測量計算僱員的薪資量，「寬波段」的薪資制度則比較靈活。它只是劃分一個薪資範圍，具體薪資收入根據員工的績效情況彈性處理。

有利於增強員工的創造性和全面發展，抑制一些員工僅僅為獲取高一等級薪資而努力工作的單一追求傾向。

心得欄 ------------------------------

第二節　獎金與激勵計劃

獎金和激勵計劃是通過直接手段達到對員工的激勵，使其產生積極的工作行為，提高工作績效。

一、獎金與激勵計劃內容

獎金，指由於員工的工作績效超過預定標準或作出卓越貢獻，而給予的固定薪資以外的報酬，是企業為了鼓勵員工提高勞動效率和工作質量付給員工的貨幣獎勵。

與獎金一樣，激勵計劃也是對員工的超額勞動或貢獻給予獎勵，二者不是絕對分開的，一般獎金主要是對員工個體的獎勵，激勵計劃主要是對組織整體的獎勵。另外，激勵計劃比獎金更注重長遠性。

資金與激勵計劃的主要內容如圖 7-2-1 所示。

獎金(包括激勵計劃)是基本薪資制度的一種輔助形式，具有多種多樣的方式，能夠靈活地反映員工的實際勞動差別。獎金具有以下特點。

1. 單一性薪資基於年資、技能、業績等多種因素。獎金則只反映員工某方面的實際勞動效果的差別。

2. 靈活性獎金的形式靈活多樣，獎勵的對象、數額、獲獎人數均可隨生產的變化而變化。薪資一般以規範的形式制定出來，每一個提供了正常勞動的員工都可以按公司規章的規定獲取報酬。獎金則不一樣，只授予提供了超額勞動和有突出業績的員工。

圖 7-2-1　獎金與激勵計劃的內容

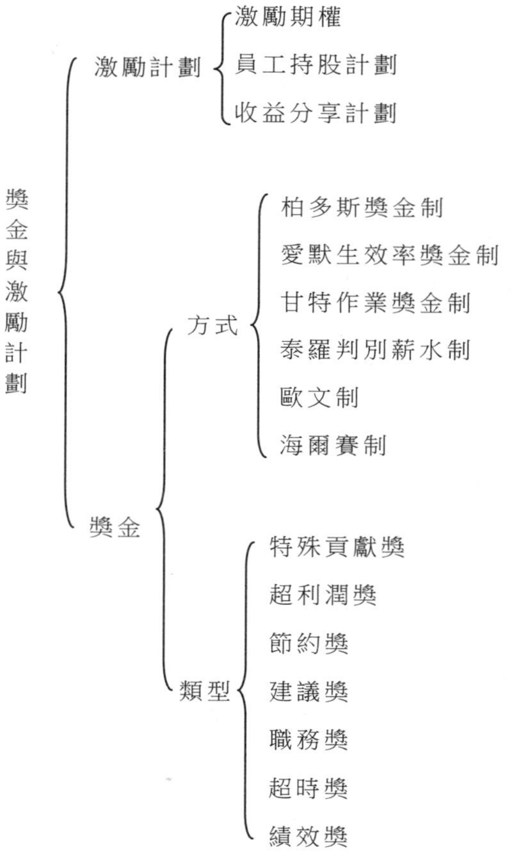

3. 及時性獎金的使用不受薪資發放的限制，能及時反映員工為企業提供勞動量的變化。獎金一般在員工超額勞動或者取得突出業績以後立即予以兌現，它體現的是即時激勵的作用。

4. 榮譽性獎金不僅是對員工的物質獎勵，還有精神鼓勵的作用。員工獲得獎金是企業對員工超額勞動的承認或認可，這本身就是一種獎賞。同時，獲獎員工會得到週圍員工的稱頌，使其獲得一種精神上的滿足。

二、具體激勵方式方法

1. 獎金的類型

目前企業所使用的獎金類型多種多樣，計算方式千變萬化，每種獎金類型及計算方式都有不同的適用條件或注意問題。獎金的類型與獎金的方式分別見表 7-2-1 和表 7-2-2 所示。

2. 激勵計劃

⑴收益分享計劃

收益分享計劃(gains sharing)是企業業績改善所得的收益，按照一定的分配比例由企業與職工分享，而不是全部由所有者擁有，實際上是把員工的利益直接與企業的獲利能力結合在一起，使利益共用、風險共擔。

要成功實施收益分享計劃，須具備以下條件：大多數員工對企業忠誠且有一定才能；管理層對員工友好、尊重；所支付的報酬符合同行業或當地標準；具有有效、可行的收益分享方案。

在符合以上條件時制定收益分享計劃，首先要明確實施收益分享計劃的總體目標，如提高生產率等。

其次，確定測量績效的具體標準，如成本、現金流量、稅前利潤和投資回報等。

表 7-2-1　獎金的類型

類型	含義	注意問題
績效獎	因達到某種績效而給予的獎金	· 制定合理明確的績效標準 · 任何人達到績效標準後均應獲得相同的績效獎 · 為了鼓勵員工不斷提高績效，可以以遞增方式設置
超時獎	因在規定時間外的工作而給予的獎金	· 儘量鼓勵員工在規定時間內完成工作 · 明確規定何謂「超時」 · 明確那些工作、崗位有超時獎 · 如果員工作長期超時，則應考慮增加員工
職務獎	即職務薪資。擔任某種特殊職務而給的獎金	· 金額適當 · 明確那些職務有職務獎
建議獎	因提出合理化建議而給予的獎金	· 只要是為了實現組織目標的合理化建議，均應獲獎 · 獎金額較低，獲獎面較廣 · 如果建議被採納，還可同時獲得其他獎項 · 如果建議重覆，原則上只獎勵第一個提出此建議者
節約獎	因降低成本（但貢獻較小）而給予的獎金	· 提倡在保證質量前提下的節約 · 明確規定辨別是否節約的指標 · 降低的成本可以通過累計而獲獎
超利潤獎（紅利）	因超額完成利潤指標而給予的獎金	· 只獎勵超額完成利潤指標的有關人員 · 根據個人對超額完成利潤指標的貢獻大小發放獎金 · 明確規定利潤超出部份作為獎金的百分比
特殊貢獻獎	因作出特殊貢獻而給予的獎金	· 制定明確、具體、可操作的衡量指標 · 為企業做出重大貢獻 · 獎金額較大、獲獎面較小 · 獎勵同時要加強宣傳

表 7-2-2 獎金的方式

方式	含義
海爾賽制	‧ 工作在標準以下：薪資實際工作時間×小時薪資率 ‧ 工作在標準以上： 薪資=實際工作時間×小時薪資率+(標準工作時間－實際工作時間)×小時薪資率/2 薪資=實際工作時間×小時薪資率+(標準時間－實際工作時間)×小時薪資率
歐文制	‧ 工作在標準以下：薪資實際工作時間×小時薪資率 ‧ 工作在標準以上： 薪資=實際工作時間×小時薪資率+[(標準工作時間－實際工作時間)/標準工作時間]×實際工作時間×小時薪資率
泰羅 差別薪資制	‧ 工作在標準以下：薪資=生產的產品數量×未達標準時的薪資率 ‧ 工作在標準以上：薪資=生產的產品數量×達到標準時的薪資率
甘特 作業獎金制	‧ 工作在標準以下：薪資=實際工作時間×小時薪資率 ‧ 工作在標準以上： 薪資=標準工作時間×小時薪資率+資金的百分率×標準工作時間×小時薪資率
愛默生 效率獎金制	‧ 工作在標準的 66.67%以下：薪資實際工作時間×小時薪資率 ‧ 工作在標準的 66.67%～100%： 薪資=實際工作時間×小時薪資率+獎金的百分率×(實際工作時間×小時薪資率) ‧ 工作在標準的 100%以上： 薪資=實際工作時間×小時薪資率+(標準工作時間－實際工作時間)×小時薪資率+0.2×實際工作時間×小時薪資率
柏多斯 獎金制	‧ 工作在標準以下：薪資=實際工作時間×小時薪資率 ‧ 工作在標準以下： 薪資=標準工作時間×小時薪資率+獎金的百分率×(標準工作時間－實際工作時間)×小時薪資率

第三，確定基金規模測量標準。如：規定一定的利潤目標，達到該目標後，把利潤超出部份的一定比例作為分配基金分配給員工。第四，確定收益分享的方式，主要有：現金計劃——以現金或公司股份的形式分配公司利潤；遞延支付計劃：把員工應分配的利潤份額保留在信託基金裏，等員工退休、殘疾、死亡或公司終結時發放；混合計劃——指既提供現金報酬也提供延期報酬。第五，確定發放週期，根據採用的測量標準，決定紅利的發放週期。最後，在詳細計劃的基礎上，實施收益分享方案。

利潤分紅的數量多少視公司獲利多少而定。在美國分紅的公司中，約 25%的公司所分紅利小於基本薪資的 5%；約 28%的公司超過10%以上；個別公司甚至高達 40%～50%。

⑵**員工持股計劃**

員工持股計劃(employee stock ownership plan，ESOP)是企業向員工提供普通股股票的整體激勵計劃。它不承諾向員工支付一定數額的收益，而是把員工收益與他對企業股票的投資結合起來。ESOP與現行的內部員工股存在差異，見表 7-2-3 所示。

表 7-2-3　員工持股計劃和內部員工股區別

員工持股計劃	內部員工股
股票由公司用現金或從銀行取得貸款替員工購買，員工自己不支付購買費用	員工按一定「低價」購買
股票由員工持股計劃委員會或信託機構掌管	股票由員工自己掌管
只有當員工退休、離開公司或死亡時，才把股票交給員工，但員工必須再將其賣給公司，企業始終控制著股票	員工控制股票，股票可以上市交易

員工持股計劃使員工擁有公司部份股票，但不能自由交易，因而員工必須努力工作，提高企業效益，才能獲得更多的報酬。其次，員工持股計劃有利於幫助企業抵制惡意兼併，增強安全感。此外，與收益分享計劃相比，員工持股計劃更具透明度和公開性。

⑶**激勵期權**

激勵期權(incentive stock option，ISO)即期權激勵模式。20 世紀 70 年代以後，美國企業廣泛地實施了股票期權制度，也就是一般所說的「認股權計劃」。「認股權計劃」是對企業管理者和員工實行的一種長期激勵，它要求授予公司管理者和員工一定數量的認股權，即在某一期限內，以一個固定的執行價購買一定數量本公司股票的權利。獲得認股權的僱員可以按認股權確定的買入價(執行價)購買本公司股票，而後在高價位拋出以獲得收益。這也是協調所有者與管理者利益，激勵管理者與員工的舉措。據統計，1997 年《財富》雜誌排名前 1000 家的美國公司中，90%實行了認股權計劃。1997 年變現認股權的收入比 1996 年上升了 35%，認股權收入在管理人員的收入結構中所佔的比重高達 28%。

隨著企業管理和金融工具的發展，作為長期激勵手段的金融衍生工具越來越多，如：認購股、股票增值權、虛擬股票權、限定股、績效股等。

第三節　各種薪酬管理制度

附錄 1：員工薪酬管理制度

1. 總則

⑴為規範員工薪資的確定及調整辦法等有關事項，特制定本制度。

⑵本制度適用於企業全體員工（即企業本部及駐外工作的員工）。本制度所指薪資，是指每月定期發放的薪資，不含獎金和津貼事項（技術系列的項目津貼除外）。

2. 薪資結構

⑴員工薪資由固定薪資、浮動薪資兩部份組成。

⑵固定薪資包括：基本薪資、技能薪資、住房補貼、醫療補貼。固定薪資是根據員工的職務、資歷、學歷、技能等因素確定的、相對固定的工作報酬。

⑶浮動薪資包括：考勤薪資、績效薪資和效益薪資，項目開發人員還有項目津貼。浮動薪資是根據員工考勤表現、工作績效及企業經營業績確定的、不固定的薪資報酬，每月調整一次。

⑷項目津貼自研發項目經總經理批准立項後，於相關研發人員當月薪資中發放。項目經理每月對相關研發人員進行考核，確定發放比例，最高為薪資標準的 20%。

⑸項目完成情況由企業技術戰略發展委員會進行評估。項目如

提前或按期完成，項目津貼自完成當月始發。在預定的截止時間，如項目完成率低於 60%，項目津貼自當月停發；如項目完成率高於 60%，項目津貼繼續發放，直至項目完成當月為止。技術戰略發展委員會根據項目評估價值、完成的質量、進度情況，確定項目獎的發放。

⑹員工薪資扣除項目包括：個人所得稅、教育金、缺勤、扣款（含押金、借款、罰款等）、代扣社保費、代扣補充保險費、代扣住房公積金。

⑺員工薪資發放如有錯漏，或需退還捐款時，將在下月薪資「補雜」項補發。

3. 薪資系列

⑴企業根據不同職務性質，分別制定行政、技術、營銷三類薪資系列。

⑵行政薪資系列適於從事行政、財務和生產等日常管理或事務工作的員工。

⑶技術薪資系列適用於從事產品技術開發、生產技術和品質管理等專業技術工作的人員。

⑷營銷薪資系列適用於從事營銷、推廣及相關工作的員工，包括市場本部及駐外機構所有員工。

⑸員工薪資系列適用範圍詳見下表。

表 7-3-1　薪資系列適用範圍表

薪資系列	適用範圍
行政薪資	1. 總經理辦公會成員 2. 總部助理部長以上員工（市場本部及下級部門除外） 3. 總經辦、行政人事部、財務部、審計部、物料供應部所有員工 4. 研究部、工業設計部、技術工程部、生產技術部、品質管制部、生產部從事非專業技術工作的員工
技術系列	研究部、工業設計部、技術工程部、生產技術部、品質管制部、市場推廣部和客戶服務部所有員工
營銷系列	1. 市場本部及下級市場管理部、行業銷售部、市場推廣部、銷售計劃部和客戶服務部所有員工 2. 駐外機構所有員工（含經理、財務經理等）

4. 薪資計算方法

(1)薪資計算公式

實發薪資＝應發薪資＋補雜項目－扣除項目

應發薪資＝固定薪資＋浮動薪資

固定薪資＝基本薪資＋技能薪資＋住房補貼醫療補貼

＝薪資標準×固定薪資係數之和

浮動薪資＝考勤薪資＋績效薪資＋效益薪資

＝薪資標準×浮動薪資係數之和

(2)薪資標準的確定：

根據員工所屬的薪資系列/職務，確定員工薪級，再根據員工薪級，確定對應的薪資標準。

(3)固定薪資與浮動薪資的標準係數設定：

設薪資標準為 1，固定薪資標準係數為 A，其中基本薪資、技能薪資、住房補貼、醫療補貼標準係數分別為 A1、A2、A3、A4，A＝A1＋A2＋A3＋A4。

表 7-3-2　薪資項目標準係數表

薪資系列		行政系列	技術系列	營銷系列
固定薪資標準係數（A）	合計	0.7	0.7	0.5
	基本薪資（A1）	0.2	0.2	0.2
	技能薪資（A2）	0.4	0.4	0.2
	住房補貼（A3）	0.08	0.08	0.08
	醫療補貼（A4）	0.02	0.02	0.02
浮動薪資標準係數（B）	合計	0.3	0.5	0.5
	考勤薪資（B1）	0.1	0.1	0.1
	績效薪資（B2）	0.1	0.1	0.1
	效益薪資（B3）	0.1	0.1	0.3
	項目薪資（B4）	—	0.2	—

浮動薪資標準係數為 B，其中考勤薪資、績效薪資、效益薪資、項目津貼標準係數分別為 B1、B2、B3、B4，B＝B1＋B2＋B3＋B4。

以上係數的標準設定說明如上表。

(4)固定薪資計算方法：

固定薪資＝基本薪資＋技能薪資＋住房補貼＋醫療補貼

＝薪資標準×（A1＋A2＋A3＋A4）

(5)浮動薪資計算方法：

浮動薪資＝考勤薪資＋績效薪資＋效益薪資＋項目津貼

＝薪資標準×（B1×C1＋B2×C2＋B3×C3＋B4×C4）

其中，C1 為出勤考核係數；C2 為績效考核係數；C3 為效益考核係數；C4 為項目考核係數。確定方法分別見下表。

表 7-3-3　出勤考核係數（C1）確定方法：（C1 初始值＝1）

考勤結果	C1 扣除值
曠工 0.5 天以上	1
病、事假每請 1 天	0.25
月累計遲到/早退每滿 5 次	0.5
月累計遲到/早退時間每滿 1 小時	0.5
1 次事前未辦請假手續	0.2

表 7-3-4　績效考核係數(C2)確定方法：

考核成績	考核成績含義	佔員工總數的比例	績效考核係數 C2 的取值
S	優秀	5%	1.3
A	良好	15%	1.1
B	合格	60%	1.0
C	基本合格	15%	0.6
D	較差	5%	0

表 7-3-5　效益考核係數(C3)確定方法：

效益指標達成率	效益考核係數 C3 的取值	效益指標達成率	效益考核係數 C3 的取值
151%以上	2	61%～80%	0.8
121%～150%	1.5	41%～60%	0.6
101%～120%	1.2	21%～40%	0.4
81%～100%	1	0～21%	0

表 7-3-6　項目考核係數(C4)確定方法：

考核期內項目進程完成率	項目考核係數
完成 100%以上	1
完成 80%～100%	0.8
完成 60%～80%	0.6
完成 60%以下	0

5. 試用期員工薪級確定

薪資由總部發放的試用期員工

⑴通過招聘方式進入企業的試用期員工，其薪級應由本部門負責人在大幅度考核後提出建議，填寫《員工薪級調查表》，經行政人事部、主管領導審核，總經理批准確定。

⑵通過畢業分配方式直進入企業的試用期員工，其薪級由行政人事部提出建議，填寫《員工薪級調整表》，主管領導審核，總經理批准確定。

⑶試用期員工如在職時即擔任總部課長以上行政職務，或分支機搆財務經理、副經理、經理等行政職務者，薪級一般應確定為其職務相應的下限薪級標準。

⑷試用期員工在入職時未擔任以上行政職務者，用人部門在給有 2 年以上工作經驗的試用期員工確定試用期薪級時，應根據試用人員的能力、經驗及試用職位的工作複雜程度，在上限範圍內酌情考慮。基本原則：有 2 年以上工作經驗的試用期人員，每滿 1 年薪級可上調 3～5 級，最多不能超過同等學歷的上限；有 2 年以上工作經驗的非技術系列試用人員，每滿 1 年薪級可上調 1～3 級，最多不能超過同等學歷的上限。

⑸對於企業急需的特殊人才，需由用人部門在《員工薪級調整表》上寫明申請的薪資標準及理由，經行政人事部、主管領導審核，總經理批准確定。

6. 薪級調整

⑴應屆大中專畢業生見習期滿 1 年，或招聘人員試用期滿，試用考核合作，符合轉正條件者，應辦理轉正手續，重新確定薪級。

⑵企業每年 6 月、12 月進行兩次員工績效綜合考核，並根據考

核成績，重新確定所有員工的薪級。

⑶以上試用期考核，績效綜合考核均採用「SABCD」評分制。考核成績與薪級調整幅度的對應關係規定如下所示。

表 7-3-7　績效綜合考核與薪級調整幅度對應關係表

考核成績	考核成績含義	薪級調整幅度	備註
S	優秀	上調 5～6 級	員工薪級調整的上限為員工考核時擔任的行政或技術職務的薪級上限
A	良好	上調 3～4 級	
B	合格	上調 1～2 級	
C	基本合格	上級 0 級	
D	較差	下調 1～2 級	

⑷員工轉正薪級確定程序同試用期薪級確定相同。

⑸原則上企業將在每個財務年度結束後，根據當年的經營業績，對全體員工薪資標準予以調高，並發文公告。

7. 薪資發放

⑴員工每月薪資發放時間為次月 15 日，如遇節假日應提前。

⑵員工的薪資條應採用逐級發放的辦法：一般員工的薪資條由課長發放，課長的薪資條由部長或助理部長發放，部長及助理部長的薪資條由副部級主管領導發放，副部級領導薪資由總經理發放。

⑶員工請假、休假時薪資標準，按相關制度的規定執行。

⑷員工離職時的薪資結算方法，按員工離職管理程序的規定執行。

8. 其他事項

⑴所有員工的薪資均為企業機密。任何洩露、探聽他人薪資者，一經發現，予以一次書面警告，並處以×××～×××元的處罰。

⑵本制度由行政人事部起草，總經理辦公會審定，總經理簽字生效。

薪資的具體計算方法如下：

例 1　設一名享受行政薪資系列的員工，薪級為第 48 級，薪資標準為 3000 元，當月考勤考核係數為 0.8，績效考核係數為 1.2，效益係數為 0.8，則其薪資項目分別為下表所示。

表 7-3-8　薪資項目之一

固定薪資項目	應發金額/元	浮動薪資項目	應發金額/元
基本薪資	3000×0.2＝600	考勤薪資	3000×0.1×0.8＝240
技能薪資	3000×0.4＝1200	績效薪資	3000×0.1×1.2＝360
住房補貼	3000×0.08＝240	效益薪資	3000×0.1×0.8＝240
醫療補貼	3000×0.02＝60	/	/
固定薪資合計	2100	浮動薪資合計/元	840
應發薪資合計		2940	

例 2　設一名享受技術薪資系列、參與某一項目研發工作的員工，薪級為第 48 級，薪資標準為 3000 元，當月考勤考核係數為 0.8，績效考核係數為 1.2，效益係數為 0.8，項目考核係數為 0.8，則其薪資項目分別為下表所示。

表 7-3-9 薪資項目之二

固定薪資項目	應發金額/元	浮動薪資項目	應發金額/元
基本薪資	3000×0.2=600	考勤薪資	3000×0.1×0.8=240
技能薪資	3000×0.4=1200	績效薪資	3000×0.1×1.2=360
住房補貼	3000×0.08=240	效益薪資	3000×0.1×0.8=240
醫療補貼	3000×0.02=60	項目津貼	3000×0.2×0.8=480
固定薪資合計	2100	浮動薪資合計/元	1320
應發薪資合計		3420	

例 3 設一名享受營銷薪資系列的員工，薪級為第 48 級，薪資標準為 3000 元，當月考勤考核係數為 0.8，績效考核係數為 1.2，效益係數為 0.8，則其薪資項目分別為下表所示。

表 7-3-10 薪資項目之三

固定薪資項目	應發金額/元	浮動薪資項目	應發金額/元
基本薪資	3000×0.2=600	考勤薪資	3000×0.1×0.8=240
技能薪資	3000×0.2=600	績效薪資	3000×0.1×1.2=360
住房補貼	3000×0.08=240	效益薪資	3000×0.3×0.8=720
醫療補貼	3000×0.02=60	/	/
固定薪資合計	1500	浮動薪資合計/元	1320
應發薪資合計		2820	

附錄 2：員工撫恤管理制度

第一條　員工的撫恤除另有特殊規定外，均依本辦法執行。

第二條　正式員工凡出現下列情況之一者，予以一次性發放撫恤金或每月發放撫恤金。

⑴因公死亡者。

⑵因公傷、病以致死亡者。

⑶服務 10 年以上，因病、傷致死者。

第三條　凡在本企業服務滿 1 年以上 10 年以下的員工因公傷病致死者，其遺囑享受一次性撫恤金。

第四條　凡退休並按月領取退休金的員工，在 10 年內因傷病致死者，其遺囑可享受每月撫恤金；10 年以上死亡者，其遺囑可領取一次性撫恤金。

第五條　撫恤金數額依死亡時薪資或退休時薪資及職務加給兩項合併計算，其標準以下列規定核發。

⑴一次性撫恤金

①具備第二條第一款情況時，服務 1 年以內者給付 12 個月撫恤金；服務滿 1 年以上者，每增加 1 年加付 1 個月。

②具備第二條第三款或第三條情況，服務 1～20 年者，每年給付 1 個月撫恤金；21 年以上者，每增加 1 年給付半個月撫恤金。

③具備第四條情況，依本條第一款核發，服務不滿 10 年者，以滿 10 年核發。

⑵每月撫恤金

①具備第二條第一款或第二款情況，服務期不滿一年者，按 30%每月核發撫恤金；服務期滿一年以上者，每增加 1 年每月增發 1.5%，但最高不超過 80%。

②凡具備第二條第三款情況，服務滿 10 年以上者，每月核發20%；超過 10 年者增加 1 年，每月增發 1.5%，但最高不超過 65%。

③具備第四條情況，按其退休時實際服務年限，滿 10 年者給予20%的每月撫恤金，以後每滿 1 年，每月增發 1.5%撫恤金，滿 65%為止。

第六條　若遇現職員工薪酬調整，其死亡人員的每月撫恤金按比例調整，其撫恤金尾數以元為單位取整。

第七條　撫恤金支付按下列規定辦理：

⑴一次性撫恤金，於核准之日起支付。

⑵每月撫恤金，自死亡之日起按月支付，但最多以 20 年為限。

上述撫恤金由死亡員工最後供職單位支付，該單位不存在時，由其歸併單位或上級單位給付。

第八條　領取撫恤金的遺囑順序。

⑴領取一次性撫恤金的遺囑順序為：

①配偶、父母、子女；

②子女、祖父母、外祖父母、兄弟姐妹。

⑵領取每月撫恤金遺囑順序為：

①未有職業和收入的妻子或殘廢之夫；

②未成年或仍在校的子女或已成年但因殘不能謀生的女子；

③未成年或仍在校的孫子、孫女或雖已成年但因殘不能謀生的孫子孫女；

④父母；

⑤未成年或仍在校的同父母弟妹。

第九條　領取撫恤金同一順序遺囑為多人時，其撫恤金應共同領受，除非有放棄領取的書面聲明並有兩人以上作保。

第十條　有下列情況之一者，自動喪失撫恤金領受資格：

⑴通緝在案者；

⑵剝奪公民權者；

⑶有不忠實本企業行業者。

第十一條　有下列情況之一者，終止其撫恤金領受權。

⑴死亡、改嫁、出走或任有公職；

⑵原未成年或在校者已成年或不在校者；

⑶殘廢已成年子女已能謀生或出嫁者。

若有上述情況而隱瞞不報，冒領撫恤金者，由保證人負責追繳。

第十二條　終止撫恤金領取權利或依序更換領取撫恤金的遺囑，依下列規定取具證明，會同每月撫恤金領取證書及領款表向撫恤金支付單位申報換發或登出領取證。

⑴死亡、改嫁、出走或任有公職者，取具證明文件，以資報驗；

⑵宣告死亡者，需取具有關機關的證明；

⑶原為殘廢不能謀生而現能謀生者，取其現住地有關單位證明。

第十三條　死亡者遺族居住較遠來不及趕到辦理喪葬時，由死亡員工供職單位指定專人代為辦理，費用從撫恤金及喪葬費中扣除。

第十四條　死亡者遺囑運輸回籍時，視其路途遠近及企業財力給予適當補、助，並按國內標準核發遺族回籍差旅費。

第十五條　請領撫恤金應填具撫恤申請書，會同有關證明、擔保書一併交驗。當保證人死亡或需更換時，應通知有關部門補辦相應手續。

第十六條　請領撫恤金權利自死亡之次月起，保留 5 年資格，但合法領取遺族因為可抗拒原因不能行使者，自該請求權可行使之日起核算。

第十七條　員工年資可合併計算，但不包括因故辭退後再行複用情況。因故辭退再行複用者，以複用日期計算。

第十八條　領取撫恤金遺囑因回籍不能親來取款者，由郵局郵付。

第十九條　撫恤金領受權不得抵押或提供擔保。

第二十條　每月撫恤金領取證書及領款表如有遺失或毀壞者應詳敘理由聲明作廢，並取具擔保。經核審後補發或換發，原件銷毀。

第二十一條　本辦法第二條所指因公死亡以下列情況為準。

⑴因執行公務發生危害以致死亡。

⑵因出差遇險或生病致死。

⑶在辦公場所遇意外危害致死。

⑷非常情況意外致死。

第二十二條　本辦法所指殘廢是指以下情況。

⑴患精神病久治不愈者。

⑵失明不能謀生者。

⑶機能不健全、無法謀生者。

以上各項均需醫院的診斷證明。

第二十三條　本辦法呈報董事長核准後頒佈實施，修改時亦同。

附錄 3：員工福利管理制度

1. 員工福利金來源

本企業員工福利委員會福利金來源包括下列六項。

(1)基金部份：由本企業提拔××萬元，以提拔一次為限。

(2)營業額提拔部份：由企業的營業額提一個，每月提拔前一個月營業額的萬分之五。

(3)薪酬提拔部份：由企業所有員工的薪酬、年終獎金扣減千分之五移撥。

(4)伙食費移撥部份：由企業員工伙食費、伙食補助費移撥。

(5)下腳品出售價值移撥部份：企業下腳品出售值移撥 40%。

(6)福利金運用收入部份：由福利金的運用賺取的利息與利潤。

2. 員工福利金使用範圍

本委員會福利金的使用範圍包括下列六項用途。

(1)辦理員工的各項福利活動，包括旅行、電影放映、節慶活動、生日會等。

(2)辦理員工的伙食，包括平日膳食、加菜、聚餐等。

(3)辦理員工傷病的救濟慰問、婚喪喜事的慶賀哀悼等。

(4)員工的借支。

(5)其他的由本委員會決議的用途。

(6)福利金的營利性運用或購買本委員會設備的支出。

3. 福利金的運用

(1)本委員會福利金的運用包括營利性與非營利性兩項支出，非營利性支出每月動支的金額以不超過當月份的收入金額為原則，但特殊情形經由 2/3 以上福利委員通過者不在此限。

⑵本委員會福利金的非營利性支出，應由福利金運用小組編列預算，於每月月初提交委員會審核並予公佈。

⑶員工伙食費、各項慶賀、慰問、奠儀、救濟的金額標準，由本委員會制定公佈。

⑷員工伙食的支出款項統由本委員會控制，參照支出標準按日實報實銷。

⑸員工的傷病、慰問、婚喪喜事互助金的發給統由當事人或其直接主管提出申請。

⑹員工因特殊事故需向本委員會申請借支，可由當事人填妥申請單向本委員會申請，但借支的金額以不超過當事人一個月薪酬所得為限，月息 1.5%，但特殊情形由本委員會委員保證者，得借支至 3 個月所得。借支單格式參照「福利借支申請單」。

⑺本委員會各項福利活動的費用支出以不超過當月的預算為原則，實報實銷。

⑻本委員會營利性的支出統由福利金運用小組運用，無動用部份得存入本企業賬上，以××%日息計息。

4. 福利金的運用狀況報告與控制

⑴本委員會福利金運用小組每月月底必須將營利性與非營利性支出編列結算表，交付本委員會審核並予公佈。

⑵福利金的收支賬務程序比照一般會計制度辦理，支出金額超過××××元以上者需提交福利金運用小組審議。

⑶福利金運用小組每半年應編列福利金運用表及資產負債表各一份交本委員會審議並予公佈。

5. 附則

本辦法自公佈日起實施，未盡事宜可以修訂。

附錄 4：員工購置住房獎助辦法

1. 為獎助服務勤勉的員工，謀求員工生活的安定，特制定本辦法以協助員工購置住宅。

2. 員工欲承購××建設企業於市區或近郊興建的住宅房屋（店鋪、公寓限第二層以上）者，可依本辦法的規定申請獎助。

3. 申請獎助的員工應具備下列各項條件。但經特准者，不在此限。

⑴在本企業服務滿 3 年並達法定年齡者。

⑵考績在（75 分）以上者。

4. 申請人應詳填本企業印製的申請書，由所屬單位層層上報審核。

申請人有多人時，按下列標準評定積點以定順位。

⑴年資：服務滿 3 年者 15 點，以後每增 1 年增 5 點；不滿 1 年之零數不計，至 50 點為止。

⑵考績：最近 3 年年終考績平均 75 分者。

⑶撫養負擔：單身者 5 點，有配偶者加 5 點。有依所得稅法規定的應撫養的父母子女者，每 1 人加 2 點，累加至 20 點為止。

⑷職等：職等基數為 5 點，每進一職等加 1 點，至 10 點為止。積點高者為先，積點相同者以公開抽籤方式定其順位。

5. 凡申請獲准依本辦法獎助的員工得享受下列待遇。

⑴在××建設企業公開推出其所建房屋一個月內訂購者，由本企業洽請××建設企業按公開售價優惠×××元。超過一個月訂購者，優惠×××元。

⑵由本企業無息貸款予申請人 10 萬元以下，以供繳納各備款。

此項貸款由本人直接撥交正統建設企業。作為申請人承購該企業房屋的最後一期自備款。

6. 前條貸款自核撥之日起分 10 年按月平均由申請人所屬部門於發薪時扣還。

7. 申請人應覓得本企業認可之人為保證人，負連帶清償債務之責任。

8. 申請人在借款之日起 10 年內如有將住宅轉賣出租，或設定抵押與第三人，或未依約按月償還貸款達 3 個月時，本企業應選擇下列方法之一要求申請人履行。

⑴要求申請人就未清償的借款及房屋優待價款即時一次清償，並追收此未清償的借款自借款日起至全部償還為止的利息。

⑵要求申請人將該房產移轉與本企業，由本企業依本辦法的規定記售予其他合格員工，其移轉的一切費用稅捐(包括契約、增值稅等)等均申請人負擔。

9. 申請人自借款之日起，服務未滿 3 年離職者，按第八條規定辦理，如服務滿 3 年，不追加利息，但須將未清償的借款一次清償。

10. 申請人應將其所購房產提供抵押給本企業，其抵押金額應包括：

⑴借款金額。

⑵房屋優待價款額等。

11. 申請人經核准貸款，遇有下列情形之一時，撤銷其權利，由其他合格員工承貸。

⑴自行放棄。

⑵交付貸款前離職。

⑶經發覺申請人不符本辦法第三條的規定或其申請書有關事項填載不實者。

⑷未依本企業所規定期限辦理覓保手續或協同辦理抵押手續者。

⑸因其他事故，董事會認為不宜予以貸款者。

12. 每批獎助人數由董事會決定，隨時公佈。

13. 本辦法經董事會通過後公佈實施，修改時亦同。

心得欄 ----------------------------------

附錄 5：員工補助金給付辦法

1. 為謀求員工生活安定，增進員工感情，激發團結合格精神，特制定本辦法。

2. 員工本人結婚或子女結婚，員工本人或其配偶生育，員工子女的教育，員工本人的父母、配偶、子女喪亡時依本辦法的規定申領補助金。

3. 員工本人結婚，給付基本薪酬一個月的補助金。並由企業致喜帖或拍發賀電致賀。但結婚當事人均在本企業服務時，由一方請領上項補助金，另一方只能請領××××元的補助金。

4. 員工子女結婚，給付××××元的補助金。但結婚當事人在本企業服務時，只能由結婚當事人依前條的規定請領補助金。

5. 員工本人或其配偶生育，一次給付××××元的補助金，並以兩次為限。小產、流產、死產，概不給付補助金。

6. 員工的父母、配偶、子女喪亡時，除由本企業致挽聯、花圈、花籃或唁電致哀外，父母或配偶喪亡時給付一月薪津的補助金；滿 2 週歲以上子女喪亡時付給半個月薪酬的補助金。

7. 申請給付補助金應填具補助金、付給申請書暨補助金額領取收據，並檢附下列證件。

⑴結婚補助金：戶口本。

⑵生育補助金：出生證明及戶口本。

⑶教育補助金：在學證明及成績單。

⑷喪亡補助金：註銷戶口後戶口本。

結婚補助金得憑喜帖、喪亡補助金得憑訃文預先給付，再補辦請領手續。

8. 補助金的申請應於給付原因發生起第 2 個月內，逾期視為放棄。

9. 臨時及試用人員不適用本辦法。

10. 本辦法各項補助金依法扣繳所得稅。

11. 本辦法經呈董事會通過後公佈實施，修改時亦同。

第四節　案例：泰斗公司的崗位薪酬體系

一、案例介紹

泰斗網路公司是一家網路服務商，成立於 1998 年，在臺北、紐約、孟賣均設有公司，現有員工 200 多人，許多人都是在某一領域富有專長的專家，80%的技術人員都具有博士學位，公司新產品年更新率達到 30%。是什麼樣的利益回報有如此巨大的吸引力，致使大批優秀人才對泰斗網路公司投入如此大的熱情呢？答案就是泰斗網路公司的薪酬水準和薪酬構成。

在泰斗網路公司有三個重要的崗位：項目管理、研究開發和系統工程。

這三種崗位總體薪酬水準都比較高，年度平均總薪酬都超過 10 萬元。公司的高利益回報在這三種從業人員的薪酬水準上得到充分體現如下表所示。

表 7-4-1　各崗位年薪總額

崗位名稱	薪酬範圍/年
研究開發經理	23 萬-29 萬元
系統工程經理	15 萬-20 萬元
項目管理經理	11 萬-14 萬元

從表中可以看出，在薪酬總體水準比較高的基礎上，對於不同性質的崗位，薪酬水準也存在一些差距。項目管理人員平均薪酬水準最低，系統工程人員收入相對較高，研究開發人員的薪酬最高。這也從側面反映出了泰斗網路公司對不同崗位人員的重視程度的差異。這種薪酬差異是由該公司系統集成業的行業特點決定的。

泰斗公司主要靠技術服務和提供解決方案獲利，因此，對崗位技術水準要求的高低對薪酬有直接影響。對於研究開發人員，他們的貢獻在於通過技術研究和技術實踐為公司積累技術資本，是保持公司長期、穩定發展的基礎，是增強公司市場競爭力的前提。對於系統工程人員，主要通過具體的工程實施和技術支援，保證工程項目的順利執行，但往往使用成熟的技術工具，在技術上沒有太多研究突破。至於項目管理人員，工作中已經包含部份行政管理的成分，技術含量最低，因此，薪酬水準低於研究開發和系統工程人員。下表揭示了上述三種崗位薪酬構成的成分及其比重。

表 7-4-2　各崗位薪酬構成及其比重

單位：%

崗位名稱	基本現金總額	補貼總額	變動收入總額	鼓勵總額
系統工程經理	71	2	18	9
研究開發經理	81	2	6	11
項目管理經理	80	2	10	8

從薪酬構成比例來講，不同性質的崗位差異明顯。最突出的特點是系統工程人員的固定現金收入比例明顯低於項目管理和研究開發人員，而變動收入比例卻最高。這是由各個崗位所承擔的工作任務的不同性質所決定的。

系統工程人員的工作任務是完成整個工程的實施，工程週期可能是幾週、幾個月，甚至跨年度。在實施過程中可能會出現種種問題，從而導致企業受到損失。企業的通用做法是減小系統工程人員的固定收入比例，加大獎勵作用的變動收入比例，用來激勵員工通過努力保證工程項目的順利實施，有效降低項目執行的風險性。相反，對於研究開發和項目管理人員，工作的失敗風險性比較小，因此，通過增加固定收入的辦法可起到留住員工的作用。

二、案例分析

在過去 10 年中，IT 業得到了長足的發展，IT 業的精英們更是以深厚的知識背景和行業經驗為企業創造了可觀的效益，同時他們也理所當然地獲得了高額的回報。與此同時，作為新興的、快速發展的行業，IT 業的人才競爭十分激烈，人員流動頻繁，向很多企業提出了挑戰。

泰斗網路公司根據不同崗位的技術特點，綜合考慮了薪酬規模、構成成分、各成分的比重等方面，設計出科學合理的薪酬體系，極大地刺激了為各崗位工作人員的主觀能動性，為企業的發展做出了貢獻。

那麼什麼是薪酬呢？薪酬是一個綜合概念，是企業因使用員工勞動而付給員工的錢或實物。凡是具備如下特徵的都屬於薪酬的範圍：基於對組織或團隊的貢獻；這種報酬被認為是具有效用的。

薪酬分為直接薪酬和間接薪酬兩大類：一是直接薪酬，是企業為員工提供現金形式的有形利益，主要由薪資、獎金、津貼和補貼構成，薪資是員工的主要薪酬，又可稱為基本薪酬，而獎金、津貼和補貼是輔助薪酬。此外，紅利和酬金也可以看作是特殊的勞動薪酬。二是間接薪酬，是企業為員工提供非現金形式的有形獎勵，主要指各種福利和社會保障，一般包括健康保險、帶薪休假和退休金等形式。

由上述概念可以看出，合理的薪酬體系是一個企業吸引人才，保留人才的重要手段。

第 8 章

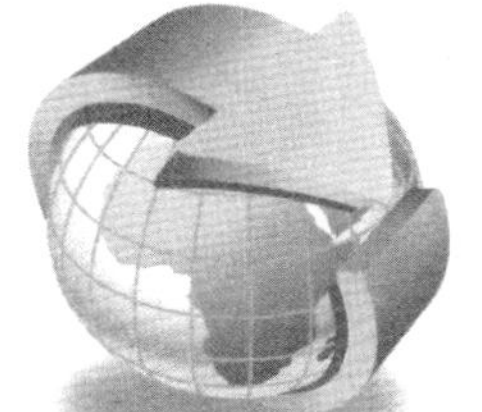

人事經理的績效評估工作

第一節　績效考核

一、績效考核的作用

在企業組織中績效考核有很多目的，比如人員晉升、調職、解聘、薪酬制定和人力資源規劃等，但是在現代企業管理中績效考核更側重於員工績效的反饋，以便讓員工能夠較好地改進工作，更快速地成長，從而能夠更好地滿足組織的要求，實現組織的績效，達到雙贏的目的。

由表 8-1-1 可以看出，績效考核並不只是為了懲罰績效低劣者（解聘，30.3%），更大程度上是為了促成行動；讓員工保持他們好的做法（薪資，85.6%；績效反饋，65.1%等），改變不良行為。

表 8-1-1　績效考核的主要用途

用途	百分比%
薪資	85.6
績效反饋	65.1
培訓	64.3
晉升	45.3
人為資源反饋	43.1
解聘	30.3
研究	17.2

二、績效考核的原則

1. 客觀、公正、公開的原則

「客觀」即實事求是，考核時應做到考核標準客觀，組織評價客觀，自我評價客觀。考核過程中應儘量消除考核人員的主觀因素影響，即用事實說話，切忌主觀武斷。缺乏事實依據，寧可不做評論，避免人與人之間的攀比，破壞團結精神。

「公正」即不偏不倚，考核人員正確對待考核工作，無論是所處於被考核人員上級、下級還是其他職務，都要公平地評價，嚴格按照規定的考核標準和考核步驟，一視同仁地進行考核。

「公開」即使考核工作透明化，最大限度地減少考核者和被考核者雙方對考評工作的神秘感，績效標準和水準的制訂是通過協商來進行的，考核結果公開，使考評工作制度化。

2. 以工作為重點的考評原則

績效考評的項目是針對工作，不可將與工作無關的因素帶入考評工作，更不可涉及人員的隱私。在現實的績效考評中，往往分不清那些和工作有直接聯繫，那些和工作沒有直接聯繫，結果因為許多有關人格問題的判斷摻進評判，影響了最終的結論，這是不恰當的。考評過程應該是就事論事。

3. 重視反饋的原則

在績效考評之後，考核者和被考核者應進行面談討論，把結果反饋給被考核者，同時聽取被考核者的意見及自我評價情況，若存在問題，不要緊，應給予修改，使考核者和被考核者建立起互相信賴的關係。

4. 可行性和實用性原則

可行性應考慮：

⑴和績效標準相關的資料來源。

⑵潛在的問題分析，預測在考評過程中可能發生的問題、困難和障礙，準備應變措施。

實用性應考慮：

⑴考評的手段是否有助於組織目標的實現。

⑵考評的方法和手段是否和相應的崗位以及考評的目的相適應。

5. 重視時效性原則

績效考評是對考核期內的所有成果，形成綜合的評價，而不是將本考核期之前的行為強加於當期的考評結果中，也不能取近期的業績或比較突出的一兩個成果來代替整個考核期的績效進行評估，這就要求績效數據與考核時段相吻合。

第二節　設計有效的績效評估體系

績效評估作為人力資源管理的核心環節之一，它對企業業績影響的重要程度已經為廣大人事經理所普遍關注。但是，大部份人事經理在如何推進績效評估方面，仍面臨著各種困惑。產生這些困惑的主要原因就是他們在進行績效評估時沒有設計一個有效的評估體系。

具體來說，在設計績效評估體系時，人事經理應該做好明確評估目標、設計績效指標、確定評估週期以及選擇評估方法等工作。

一、明確評估目標

對於人事經理來說，一個合理、有效的績效目標能夠使得企業、部門和員工向一個方向努力，來共同完成企業的戰略目標。而要制定績效目標，首先就要清楚目標的類型。現在比較常見的是將績效目標按結果和行為劃分為結果目標和行為目標兩種。

結果目標指的是員工在特定的條件下必須要達到的階段性成果。如：「2002 年底，在預算範圍內市場份額提高 3%」；「2002 年客戶滿意度達到 90%」；「2002 年上半年貨款回收目標達到 1500 萬人民幣」等。

行為目標則指在員工完成目標成果的行為表現必須達到的標準要求。如：「所有研發項目的開發過程符合 IPD 產品開發流程」；「2002 年底將公司績效和獎勵政策在本部門宣傳、推廣、讓每一位員工都清楚」；「與客戶一起商討，明確如何改善送貨服務」等。

在明確績效目標的過程中，人事經理必須要避免一人獨斷的方式，應該由企業中上級與下級員工經過溝通共同制定具體的績效目標，一般來說，制定績效目標需要經過以下幾個步驟：

- 企業制定經營重點，並以經營計劃的形式發佈；
- 部門制定部門目標並將任務分解到員工；
- 員工依據部門目標分解個人任務，制定工作計劃；
- 員工與主管人員就工作計劃進行溝通並達成一致，形成績效目標。

在制定績效目標的過程中，為了保證這個目標的合理性和有效性，人事經理應該對自己多問幾個以下這樣的問題。

1. 目標是否具體

人事經理制定的績效目標要明確確保每個人能明白它的意思。因此，諸如「成為最好的，增加銷售額，打敗競爭對手」的目標通常會引起問題。最好的是指年產量最大，生產率最高，員工的數量最多，銷售額最高，還是工廠的訂單最多？……這些事情都要清楚註解出來，以便每個人都能理解為同一個意思。

2. 目標是否可以衡量

如果績效目標不具有可衡量性，人事經理將無從得知目標是否完成。因此，應在目標後面加上數字，比如：「把退貨率減少 15%」；「在上海開設兩個新的工廠」；「把客戶投訴減少 20%」；「把交貨時間減少 15%」。通過目標的量化，人事經理就可以判斷員工是否完成所定的目標。

3. 目標能否達成

如果人事經理制定的績效目標不現實，就會對員工起誤導作用。如果他們意識到他們無法達到目標，大家的士氣就會下降，許多人會覺得沒有希望了，從而給員工帶來負面影響。然而，目標也不可乙太簡單，既要有現實性也要有挑戰性，要讓人們覺得只有全力以赴才能實現目標。因此，人事經理應找出一個黃金分割點，使自己建立的目標讓大家都覺得現實可行，但同時要保持最大工作效率和高水準的工作要求。

4. 目標是否可以調整

績效目標是根據每個績效週期的現狀而確定的，而現實情況處在不斷的變化之中，因此，人事經理應注意對目標進行及時的動態調整。特別是制定有分階段目標的情況下，這種調整就更為頻繁。當員工輕易地達到上一階段的目標時，就應該分析其中是否有特殊的原因，並通過目標的調整來適宜情況的變化。如果目標明顯地不可實現，也應該在分析原因之後適當地進行下調，使績效目標處在不斷變化的狀態之中。

5. 目標有無明確的時間要求

沒有時間性的目標是沒有意義的，因為大家沒有任何緊急的概念。人事經理在制定績效目標時一定要有「什麼時候完成」的規定，如「到 2012 年 12 月，我們應該將廢品率降低 15%」。當然，最後期限也要兼顧現實性和挑戰性。如果人事經理知道員工能在 2012 年 12 月前完成這個目標，那麼就應當制定更加有挑戰性的日期，比如可以將期限縮短至 2012 年 10 月。

二、設計績效指標

績效指標也叫評估因素或評估項目。在評估過程中，人事經理要對被評估對象的各個方面或各個要素進行評估，而包含這些方面或要素的概念就是評估指標。只有建立評估指標體系，評估工作才具有可操作性。總的評估結果的優劣往往是特定員工在各個評估指標上結果的綜合體現。例如，一名銷售人員的績效可以從銷售額、回款率、顧客滿意度等方面的指標來進行評估，說明該員工對有關方面的負責程度以及各方面目標的達成程度。

(一)績效指標的構成要素

績效指標一般包括四個構成要素，這四個要素分別是：

⑴指標名稱。指標名稱是對評估指標內容的總體概括。

⑵指標定義。指標定義是指標內容的操作性定義，用於描述評估指標的關鍵可變特徵。

⑶標誌。評估的結果通常表現為將某種行為、結果或特徵劃歸到若干個級別之一，評估指標中用以區分各個級別的特徵規定就是績效指標的標誌。

⑷標度。標度用於對標誌規定的各個級別所包含的範圍作出規定。或者說，標度是用於揭示各級別之間差異的規定。表 8-2-1 是一個簡單的績效指標的例子。

表 8-2-1 績效指標舉例

評估指標	協作性				
指標定義	在與同事共同工作時所表現出來的合作程度				
標誌	S	A	B	C	D
標度	合作愉快	願意合作	尚能合作	偶爾合作	我行我素

從上面這個例子我們可以看到，績效指標的標誌和標度是一一對應的。如果把評估指標比做一把尺子，標誌和標度就好比是這把尺子上的刻度和規定刻度的標準。因此，我們往往將這二者統稱為績效評估中的評估尺度(「尺」即標誌；「度」即標度)。

表 8-2-2 離散型評估尺度

評估指標	計劃能力				
指標定義	是否能夠有計劃、有步驟地完成上級交待的工作，使本業務領域的工作能力與整個部門或所在工作團隊的工作目標相匹配				
尺度	0 分	3 分	6 分	9 分	12 分

表 8-2-3 連續型評價尺度

評估指標	協助性				
指標定義	在與同事共同工作時所表現出來的合作程度				
尺度	5-4.5 分	4.4-4 分	3.9-3.5 分	3.4～3 分	3 分以下
	很好	較好	一般	較差	很差

表 8-2-4　定義式評估尺度

評估對象	管理員	
要素定義	是否重視工作目標的樹立並在工作中對團隊目標的完成情進行監控；是否使下屬瞭解目標的重要性，並通過讓下屬參與目標的制定，激發他們的工作熱情	
分等級說明	S	重視工作目標的樹立並在工作中對團隊目標的完成情況進行監控，讓下屬參與目標的制定。團隊人員的工作熱情很高
	A	重視工作目標的樹立並在工作中對團隊目標的完成情況進行監控，讓下屬參與目標的制定，目標基本切實可行，下屬的工作熱情較高
	B	瞭解目標的重要性，但不善於制定目標，所制定的工作目標不能為一部份下屬所接受，在目標的實施過程中有一定困難
	C	在日常工作中有一定的計劃性，但沒有明確的長期或階段性目標，常常「走一步，算一步」，下屬員工也難以確定自己的階段性工作目標
	D	工作完全沒有計劃，總是在上級或其他同事的要求下被動地組織本團隊的工作

(二)績效指標的分類

目前，績效指標有多種分類方式，但最常用的還是根據績效評估的內容將績效指標分為工作業績指標、工作能力指標和工作態度指標三類。

⑴工作業績指標

工作業績就是工作行為產生的結果。對業績的考核結果直接反映了績效管理的最終目的——提高企業的整體績效，以實現既定的目標。工作業績指標可以表現為該職務的工作職責或一個階段性的項目，也可以是年度的綜合業績。通常，業績指標可具體表現為完成工作的數量、質量、工作效率以及成本費用等方面。

⑵**工作能力指標**

不同的職務對工作能力有不同的要求，只有在績效評估體系中加人工作能力方面的評估指標，才可能使評估的結果真正反映出員工的整體素質。另外，人事經理還可以通過能力指標的行為引導作用，鼓勵員工提高相關的工作能力，並通過能力評估的結果，作出各種有關的人事調整決定。

⑶**工作態度指標**

在企業中常常可以看到這樣的現象：一個能力很強的人，沒能實現較高的工作業績；而一名能力一般的員工兢兢業業，卻做出了十分突出的工作業績。兩種不同的工作態度，卻產生了截然不同的工作結果。因此，為了對員工的行為進行引導，從而達到績效管理的目的，人事經理對工作態度進行評估是非常必要的。

(三)確定績效指標

在瞭解了績效指標的構成要素和分類情況之後，就可以開始確定績效指標了。

在設計績效指標時，一般應按照以下 6 個步驟來進行。

⑴工作分析。人事經理依據工作分析提供的與工作有關的資訊，一方面可以分析出任職者的主要任職資格，另一方面可以把工作目的、職責、任務等轉化為各項績效指標。根據任職者的任職資格，人事經理可以設計或選擇各種選拔測評指標對人員進行評估；根據績效

指標，可以進行績效評估與管理。而一個被選拔錄用的人員，工作一段時間之後其績效表現又可以作為驗證當初的選拔是否有效的依據。

⑵工作流程分析。績效指標必須從工作流程中去把握。人事經理應根據被評估者在流程中承擔的角色、責任以及同上下級之間的關係，來確定衡量其工作的績效指標。此外，如果流程存在問題，人事經理還應對該流程進行優化或重組。

⑶績效特徵分析。人事經理可以使用上面所介紹的圖示法標出各指標要素的績效特徵，按需要評估程度分檔，對這些指標要素進行評估。然後根據少而精的原則進行選擇。

⑷理論驗證。人事經理需要依據績效評估的基本原理與原則，對所設計的評估指標進行驗證，保證其可以有效可靠地反映被評估對象的績效特徵和評估目的的要求。

⑸要素調查。人事經理根據上述步驟所初步確定的要素，可以運用多種靈活方法進行要素調查，最後確定績效指標。在進行要素調查和指標的確定時，最好能將上面介紹的績效指標的幾種選擇方法結合起來使用，從而使績效指標更加準確、完善、可靠。

⑹修訂。為了使確定好的指標更趨合理，人事經理還應對其進行修訂。修訂分為兩種：一種是評估前修訂，通過經驗總結法，將所確定的評估指標提交上級、專家會議及諮詢顧問，徵求意見，修改、補充、完善績效評估指標。另一種是評估後修訂，根據評估及評估結果應用之後的效果等情況進行修訂，使評估指標更加理想和完善。

三、確定評估週期

嚴格說來，績效評估的週期並沒有唯一的標準，典型的評估週期是月、季、半年或一年，也可在一項特殊任務或項目完成之後進行。評估頻率不宜太密，否則不但浪費精力和時間，還會給員工造成不必要的干擾，易造成心理負擔。但週期過長，反饋太遲，會不利於改進績效，使大家覺得績效評估作用不大，可有可無，以致流於形式。

因此，人事經理對員工的績效評估應遵循統一的時間，這樣，既可以避免將評估週期外的資訊強行引入當期評估湊數的情況，又可以防止被評估人員對評估時間的歸屬各取所需的情況。對人事經理來說，固定的、統一的時間表有利於取得持續的、可比性較強的資訊，以準確地記錄和衡量員工的實際工作表現。

人事經理在確定評估週期時應根據企業自身的特點、評估對象以及評估目的來確定。

1. 按照評估對象的層級確定

評估對象職位層次高，工作複雜程度高，對能力、智力和素質的要求也高，其相應的績效反映週期就較長；反之，職務層次低，工作要求相對簡單，其績效反映週期就短。因此，高層領導的評估往往以半年或 1 年為週期，中層管理人員的評估週期為半年或季度，專業人員一般為季度或月度，操作類人員一般為月度。

這種按評估對象確定評價週期的辦法，優點在於根據評估對象的工作週期和職務特點確定評價週期，層次分明，針對性強。局限性在於，未能顧及企業情境和管理方式，劃分太細，不利於評估的統一組織，同時，由於上下級採用不同評估週期，如果操作不當，很可能導致績效目標難以自上而下落實。

2. 按照評估目的和用途確定

鑑於績效管理主要有兩大用途，一是評估，二是檢查。評估強調的是準確，往往要求對員工在評估期間的表現進行分析，且對照事先確定的標準或要求進行比較，這種評估結果往往是為了薪酬分配的需要。因此，評估週期可能會相對較長一些。而檢查則從挖掘員工的潛力入手，著眼在過程管理和問題解決。因此，評估週期相對較短，甚至可能放在每天。一般情況下，高層領導的評估一年一次，半年進行回顧；中層、基層員工的評估以季度或月度作為檢查，年終進行總評。而操作類員工則每月評估一次，年底再進行綜合評估。

3. 按照業績反映期長短劃分

根據企業的實際情況，人事經理也可以設定以業績評估為本的評估週期。比如，在實行目標管理的企業，以實現組織階段性目標的週期作為評估週期，根據實際情況，可以是一年或更長，也可以是半年或者每季每月進行；對於實行合約制的企業，可以以整個合約期作為評估的週期，也可將合約期劃分為若干階段作為評估區間；對於實行承包制的企業，則可以將整個承包期作為評估的週期，也可將承包期劃分為若干階段作為評估區間。

值得注意的是，人事經理在設定評估週期時，還需要考慮到企業自身一直沿用的評估週期，如果企業過去一直沿用的是某一種評估週期，而且大家也都非常贊同現有的運作方式，並且評估的信度和效度都不錯，那就不一定非要進行改變與調整。再者，也要考慮到實際操作和成本問題。

四、選擇績效評估方法

績效評估的評估對象是工作中的人或人的工作，一般包括對工作能力、工作態度和工作業績三方面的評估。評估過程中，評估者要評估的不僅包括一些可以直接感受和把握的因素，還包括一些難以把握的內在因素。為了對人和事作出客觀有效的評估，人力資源管理專業人員和有關專家學者們在此領域進行了大量研究，開發了一系列的績效評估方法。這些方法各具特色，各有優劣。在管理實踐中，它們往往被綜合使用，以適應不同企業組織在不同發展階段對績效評估的不同需求，滿足不同目的。

1. 等級評定法

等級評定法的特點是簡單、易操作。這種評估方法的操作形式是，給出不同等級的定義和描述，然後針對每一個評估要素或績效指標按照給定的等級進行評估，最後再給出總的評估。

人事經理在使用這種方法時，首先應該對評價等級 A，B，C，D，E 賦予不同強度的等級內涵，例如「工作成績」的等級內涵為：

A. 工作成績非常出色，從未出現過任何差錯；

B. 工作成績優秀，幾乎不曾出現差錯；

C. 工作成績沒達到標準，略有差錯；

D. 工作成績較差，差錯比較多；

E. 工作成績特別差，經常出錯。

再例如「工作態度」的相應等級內涵為：

A. 工作熱情極高，責任心極強；

B. 工作熱情比較高，責任心比較強；

C. 責任心還可以，但很難說是認真負責；

D. 有時表現出不負責任；

E. 缺乏工作熱情，凡事不負責任。

評價檔次的相應等級內涵規定出來後，就可以根據這些內涵，對評估目標作出單項選擇，如表 8-2-5 所示。

表 8-2-5　評價檔次的相應等級內涵

考核內容	考核項目	A	B	C	D	E
工作能力	與實務有關的知識技巧					
	對問題的理解力如何					
	計算能力、數字觀念是否很強					
	文章、表格、言語的表達能力如何					
工作態度	與他人的協作、服從和命令的態度如何					
	事務處理得是否井井有條					
	是否表裏如一地努力，而不是刻意表現自我					
工作成績	工作質量					
	工作數量					

等級評定法也有其不足之處。首先，由於操作上的簡便使人們容易做表面功夫，在進行等級評定時敷衍了事。其次，等級範圍設置比較粗略，一般只有「好」、「中」、「差」三個等級範圍，詳細的也不過是增加了「較好」、「略差」兩個等級，這種粗略考查的結果使大多數員工被列人中等偏上的範圍，沒有實現真正意義上的考核。另外，每

個人對等級強度的感受不同也會導致評估的偏差。對同一個員工，寬鬆的評估者可能會評估其為「較好」，而嚴厲的評估者也許只認為是「一般」，由於評估者所持標準不一樣，評定結果也不一樣。

為了使等級評定法更好地發揮效果，人事經理可以注意在等級評定法的以下幾方面進行改進：在讓評估者作出等級評定的同時，請他們對評定的結果寫一個簡單的評語，用一些事實來說明被評估者的績效水準。例如，如果一個被評估者的績效為優秀，那麼就需要列舉一些證明他績效優秀的行為表現。

2. 個體排序法

這種方法也叫做排隊法，就是把員工按從優到劣的順序進行排列。

表 8-2-6　個體排序法示例

姓名	序號	姓名	序號
A	10	F	1
B	7	G	9
C	4	H	3
D	8	I	5
E	6	J	2

部門：銷售部　　員工人數：10 人

例如，對公司銷售部的員工進行考核。首先，把銷售部員工的名單羅列出來，總共 10 個人。然後，從羅列出來的名單中找出最差的員工——A，在姓名旁邊寫上「10」。再從剩餘的 9 個人的名單中找出最好的員工——F，在姓名旁邊寫上「1」。接著從剩下的 8 個人的名單中找出最差的員工 G，記上「9」。這樣不斷反覆，直到全部姓名都打上阿拉伯數字。這時，銷售部員工的優劣順序就排列出來了，如上表 8-2-6 所示。

排序法的優點是測評中的每一個員工都互為參考，從一定意義上體現了公平與客觀性。不足之處是該方法只適合於人數較少的團隊，因為人數過多將會增加工作的難度與複雜度。另外，它的一個負面影響是可能會帶來員工之間的互相攀比和惡性競爭。

3. 強迫分佈法

在績效評估中，為了避免大多數員工都集中在一兩個等級範圍而沒有差異的情況，人事經理可以使用強迫分佈的方法，即對各個等級的人數比作出限制。一般來說，各個等級的比例分佈應該接近正態分佈。例如表 8-2-7。

表 8-2-7　強迫分佈法示例

等級	卓越	優秀	良好	需改進	不足
比例	10%	20%	40%	20%	10%

強迫分佈法的比例規定只是對總體比例的控制，具體到各個部門，可以有一定的上下浮動。例如，有的部門可能只有幾個人，很難要求他們嚴格按照比例分佈來評定。另外，很多公司將部門的整體業績與員工考核掛鈎，如果部門整體業績良好，那麼分配到的較高的績效等級名額也比較多。

人事經理在使用這種方法時要注意的是應結合實際情況制定等級比例，比例的設置要客觀、公平、合理，獎懲分明，這樣才能對員工起激勵促進作用。

4.評價中心法

目前，這種方法正日益受到企業的關注，它主要是通過情景模擬來考核員工。第二次世界大戰期間，美國軍隊在挑選軍事人才時首先使用了這種方法。當時，由於戰略情報特工人員經常要在高度心理壓力情況下在敵後進行活動，他們就設計了一套具有一定情景壓力的測試工具來挑選特工人員。例如，派一組人給某個特定的候選人員指揮，要求在一定時間內完成一項任務，在工作過程中設置一定障礙。從中可以觀察特工人員的組織能力、應變能力和遭到挫折時的決策及反應能力。

第二次世界大戰後，這種方法開始引入企業界。美國電話電報公司首開先河。1956 年該公司採用這一方法，對幾百名初級管理人員進行了評價，然後把結果封閉起來，8 年後，將當時的結果拆封並與這 8 年的實際升遷情況進行對比。他們發現，當初考核結果認為有領導潛質的人員，80%已被提升到中級管理崗位；而那些被預測沒有發展潛質的人員中，95%的結果也是符合的。

目前，世界上許多著名的公司都紛紛採用這一方法，例如：國際商用機器公司、通用電氣公司、福特汽車公司、柯達公司、托拉斯銀行、俄亥俄州標準石油公司等等。

為了能更好地掌握這一方法，下面將依據某公司的具體實例，對此作詳細說明。該公司建立評價中心旨在選拔領導後補人員，它確定了四個方面的考核內容：思維能力、解決問題能力、事業心和協作性。具體劃分為 13 個考核項目，並且對這些考核項目附上詳細的文字說明。(見表 8-2-8)

表 8-2-8　評價中心法示例

考核項目	說明
敏捷性	易接受新事物，遇到問題具有舉一反三、跳躍式的思維方式，對問題實質有敏銳的洞察力
系統性	能從全局觀察問題，並細緻瞭解事物的微小差別，以一種積極靈活的方式思考解決問題的方案
創造性	有豐富的想像力和強烈的創新意識，能提出工作的改進方向
決策能力	從已獲得的資訊中作出最後結論，能得出充分的、深思熟慮地判斷
豎韌性	遇到艱難任務能持之以恆，不為外界干擾所影響，以最大的熱情和幹勁完成任務
主動性	在行動上有緊迫感，不靠上級壓力，一切以工作為重
責任心	能勇於接受艱巨任務，承擔責任，而不是設法逃避
冒險精神	相信自己的能力，對問題採取樂觀態度，有勇氣面對各種風險
團隊精神	善於與他人合作，加強整體團結，發揮群體中每個人的作用，以取得最佳效果
處理衝突	在他人有不同意見、看法時，用容忍、和氣的態度解決，而不會導致嚴重衝突
民主性	決策前，能主動聽取不同意見，廣泛收集來自不同方面的情況
說服能力	傾聽各種不同意見，用具有說服力的證據闡述自己的觀點，力求讓別人接受，以共同實施
獨立工作	在各種不同任務面前，不依賴於外界，通過組織控制，有條不紊地完成

評價中心的主要內容有：處理公文、決策行為討論、說服談話、演講、辯論、作文練習以及心理測驗等內容。經過上述內容的考查，評委可以根據每個候選人的表現來打分。一般而言，評價中心用來評選管理人員的典型評價項目，需要花一天時間，而衡量中級管理人員則需要三天時間。評價中心一次評價 6～12 個被試者，由 6 個評委進行測評。

在實施評價中心法的過程中，人事經理除了要對時間計劃、評委安排進行仔細考慮外，還要在組織上進行充分的準備，準備好資料、紙張、日曆表、書寫板、書寫架以及要及時地協調好日期，以保證全體評委和候選人都能準時參加。6 個評委考核一個被試者，採用五級評分法，將各指標的得分分成五級：高、較高、一般、較低、低，分別計以 5，4，3，2，1 分。6 個評委的平均分就是每個被試者的最後得分。

五、績效考核的實施

績效考核的實施過程可以說是績效考核管理中的重中之重，對於整個績效管理的有效性起著至關重要的作用。

績效考核的實施過程，主要包括六個環節，即：績效考核的準備、定目標、績效輔導、考核評價、績效考核的反饋和績效考核的審核。

1. 績效考核的準備

績效考核的準備工作包括：

⑴制定績效考核的計劃。包括確定在什麼時候進行績效考核，績效考核的參與者和範圍，績效考核的目的和期望達到的結果，績效考核所需要的各種資源、績效考核打算採取的方法等。

⑵確定績效考核人員。包括確定負責績效考核的人員及考核組成員，聘請績效考核專家，或者委託有關諮詢服務機構從事員工績效考核工作等。

⑶準備績效考核的條件。包括準備績效考核的工具，如軟體、表格和文件等；也包括準備績效考核所需的其他條件，如面談的場所、開會的會場及其佈置等。

⑷公佈績效考核的資訊。即讓企業組織與員工就績效考核問題在思想上達成共識，使被評估者有充分的思想準備，積極參與績效考核。

2. 決定目標

績效目標是員工未來績效所要達到的目標，它可以幫助員工關注那些對於組織更為重要的項目，鼓勵較好的計劃以分配關鍵資源(時間、金錢和能量)，並且激發為達到目標而做的行動計劃準備。而員工個人績效目標又來源於組織、部門的總體目標的分解和傳承。組織的整體目標被轉換為每一級組織的具體目標，即從整體組織目標到經營單位目標，再到部門目標，最後到個人目標。而個人績效目標的制定又來自於個人的工作計劃，從年度計劃到季度計劃，最後分解到月度計劃。

為保證個人績效目標設置的合理有效，應該做到：主管制定，員工參與，雙方確認。首先，對於工作目標要求是由主管依據部門目標的分解，提出對員工崗位職責使命的要求，完成組織目標向個人績效目標的傳承，同時，對於個人關鍵業績指標(Key Process Indication)的提取過程應由主管提取，員工參與提取，雙方共同完成。如果員工參與設定目標，那麼他們就會更加努力實現目標。他們的許多需要中包括執行一個有價值的任務、在團隊中共同付出努力、共同設定他們的目標、共用努力的回報以及持續的個人成長。

目標制定後應讓員工參與甚至獨立制定如何達到這些目標的計劃。為員工提供一定的自主是很有價值的，這樣他們更能發揮自己的聰明才智，並且更加關注計劃的成功。

確定績效目標對績效考核來說，具有重要的意義。首先，沒有客觀的績效目標，評估者就無法客觀地對被評估者做出正確的評估；其次，如果績效目標不合適，則員工的工作表現和執行任務的情況就無法予以準確衡量和評價；第三，適當的績效目標將有利於對員工的工作績效情況進行監督和控制。因此，在下達工作任務時，管理者必須讓員工明確組織對他們的要求、期望和標準。

設定了績效目標之後，就要確定評價績效目標達成的標準。沒有明確標準的目標不是真正意義上的績效目標，SMART 原則是最常用的區分一個標準是否符合要求的工具。即，目標必須是具體的、可衡量的、可達到的、相關的和有時限的。

· S(Specific)是指績效考核指標設計應當細化到具體內容，即切中團隊主導績效目

標，且隨情景變化而變化的內容。

· M(Measurable)是指績效考核指標應當設計成員工可以通過勞動運作起來的，結果可以量化的指標。

· A(Attainable)是指績效考核指標應當設計為通過員工的努力可以實現的，在時限之內做得到的目標。

· R(Realistic)是指績效考核指標應當設計成「能觀察，可證明，現實的確存在的」目標。

T(Time-bound)是指績效考核指標應當是有時間限制的，關注到效率的指標。

3. 績效輔導

績效輔導(Achievements Counseling)階段在績效管理過程中處於中間環節，也是耗時最長、最關鍵的一個環節，這個過程的好壞直接影響績效管理的成敗。具體來講，績效輔導階段主要的工作就是持續不斷的績效溝通、大量收集數據，形成考核依據。

溝通的目的有兩個：一是員工彙報工作進展情況，或就工作中遇到的困難向主管求助，尋求資源上的支持和解決方法的指導；另一個是主管人員對員工的工作與目標計劃之間出現的偏差及時給予糾正。

績效輔導對上級主管和員工本人來講都很有意義：

首先，對於上級主管而言，及時有效的溝通有助於全面瞭解員工的工作情況，掌握工作的進展資訊，並有針對性地提供相應的輔導和資源，有助於提升下屬的工作能力，達到激勵的目的；同時，上級主管可以掌握績效評價的依據，以便對下屬做出公正客觀的評價。

其次，對員工而言，員工可以得到關於自己工作績效的反饋資訊，以便儘快改進績效、提高技能；同時，員工可以及時得到上級主管相應的資源和幫助，以便更好地達成目標；以有效溝通為基礎進行績效考核輔導，也是雙方共同解決問題的機會，這也是員工參與管理的一種形式。

最後，在績效輔導的過程中，對於員工的突出貢獻和績優行為，主管給予適時的讚揚將極大地調動員工的工作熱情，使好的行為得以強化和繼續，有利於組織良好績效氣氛的營造。

4. 考核評價

在進行績效評價時，很多組織首先要求員工對其業績達成狀況進行自評，員工自評後再由上級主管或評估委員會對照期初與員工共同確定的績效目標和績效標準對員工進行評價。

⑴員工自評

由員工本人對照自己的績效目標，如工作分析、工作計劃和績效目標等，進行自我評估，填寫述職表或者寫出自我評估小結等。

⑵評估者對被評估者進行評價

評估者可以是被評估者的上級主管，也可以是人力資源部的人員，還可以是評估委員會等專門的員工績效評估機構。在採取 360 度績效反饋方法時，還會有被評估者的下屬、同事和客戶等作為評估者來參與對被評估者的評估。評估者審核被評估者自我評估的內容，對照其績效標準，在聽取被評估者的上司、同事或其他有關人員意見的基礎上形成評估意見。評估意見一般也採取表格的形式，如各類考核表、鑑定表等。

5. 績效考核的反饋

績效考核的反饋是將績效考核的意見反饋給被考核者。一般有兩種形式：一是績效考核意見認可；二是績效考核面談。所謂績效考核意見認可，即考核者將書面的考核意見反饋給被考核者，由被考核者予以同意認可，並簽名蓋章。如果被考核者不同意考核者的考核意見，可以提出異議，並要求上級主管或人力資源部門予以裁定。績效考核面談，則是通過考核者和被考核者之間的談話，將考核意見反饋給被考核者，徵求被考核者的看法；同時，考核者要對被考核者的要求、建議與新一輪工作計劃的制定等問題與被考核者進行廣泛的溝通。績效考核面談記錄和績效考核意見，也需要被考核者簽字認可。

績效考核面談的步驟一般可分為以下七步：

⑴面談開場。面談開場主要由面談者簡短地向面談對象說明面談的目的和主要程序。面談者要注意調節氣氛，讓面談對象消除緊張情緒，輕鬆自如地進入正式面談。

⑵面談對象簡要進行自我評估。即由面談對象對照既定的工作計劃或工作目標，彙報該階段的工作情況和計劃完成的情況。在這一過程中，面談者需要把握三點：①注意傾聽面談對象的發言，不要輕易插言打斷；②注意面談對象的工作實績和失誤的事實，避免感情用事；③詢問並澄清不明之處，在面談對象自我評估完畢時，可以及時就其自我評估作一小結。

⑶面談者對面談對象進行評估。即由面談者根據年初工作計劃或目標對面談對象的工作績效逐條予以評估或打分，並說明所評估結果的依據和理由。在這一過程中，面談者的評估一定要有根據(定性、定量)，並輔之以事實舉例。同時，面談者還可以運用各類資訊和材料，肯定下屬的工作成績，並實事求是地指出其不足。

⑷雙方商談。商談的問題一是讓面談對象進一步說明情況，進一步瞭解事實，澄清與所掌握的資訊有出入的地方，並聽取面談對象對績效考核結果的意見和看法；二是商談面談對象在未來工作中需要改進的地方，並討論如何加以改進；三是分析並確定面談對象改善工作績效所需要的行動，包括調整工作目標、改進工作方法、參加培訓和獲得其他有關部門支持等。

⑸進一步討論。在上述談話的基礎上，雙方進一步討論面談者對面談對象未來工作的要求和期望，以及面談對象在未來工作中的發展需要和相應要求，雙方達成理解和共識。面談者要認真聽取面談對象的建議，對面談對象的發展要求和建議予以積極的肯定和支持。最後，雙方就下屬下一工作週期的工作目標達成一致性意見。

⑹確定績效考核的結果。填寫有關表格，績效考核最終結果交被考核者簽字認可。

⑺績效考核面談結束。面談者應當給予面談對象積極的鼓勵和可

行的指導性意見，使面談對象在結束面談後，能充滿信心地去準備新的工作計劃，增進下一工作週期的工作績效。

6. 績效考核的審核

績效考核的審核通常是指人力資源管理部門對整個組織的員工績效考核情況進行審核，處理績效考核中雙方較大的異議和某些績效異常的問題，同時對績效考核後的各種人力資源管理活動提出建議性意見。績效考核的審核主要包括，審核考核者、審核考核程序、審核考核方法、審核考核文件和審核考核結果五個方面。

心得欄 ----------------------------------

附錄 1：員工績效考核管理制度

第一條　除副經理以上人員依企業章程辦理外，本企業其他各級員工的考績均分爲期中考績及期末考績兩種，期中及期末考績的平均數爲年度考績。

第二條　本企業考核各級員工成績的記錄，作爲升職、升級、調動、退職、核薪及發放年終獎金的重要依據。

第三條　各級員工考核成績的記錄，均由人事經理保存，除副總經理以上人員，其他任何人不得查閱。

第四條　經辦考績人員應嚴守秘密，並以公正、客觀的立場評議，不得洩露或徇私舞弊，違者分別懲處。

第五條　本企業編制內容各級員工遇有職位空缺或擴編增加名額時，凡考績優異人員應予優先替補。

第六條　本企業績效考核爲鄉長考核一般員工；主管考核組長；經理考核主管；經理人員由總經理及副總經理考核。

第七條　期中及期末考績系各級主管對所屬員工平日的工作、能力、品德、學識和服務質量隨時應嚴格考核，並記錄於期中及期末考績表內，作爲年度考績資料。

第八條　本企業各級員工期中考績應於當年 7 月 1 日以前完成，期末考績應於次年 1 月 1 日以前完成。

第九條　有下列事迹之一者，根據其事由、動機和影響程度報請升級、記大功、記功、嘉獎、晉級及獎勵，並記入考績記錄：

(1)對本企業業務上或技術上有特殊貢獻，並經採用而獲顯著績效者；

⑵遇有特殊危急事故，冒險搶救，保全本企業重大利益或他人生命者；

⑶對有危害本企業產業或設備的意圖，能防患於未然，並妥爲防護消滅，因而避免損害者。

第十條　有下列行爲之一者，視其情節輕重程度，報請免職、記大過、記過、降職、降級等處罰，並記入考績記錄：

⑴行爲不檢、屢教不改或破壞紀律情節重大者；

⑵遇特殊危急事變，畏難逃避或救護失時，導致本企業或公衆受重大損害者；

⑶對可預見的災害疏於覺察或臨時急救措施失當，導致本企業遭受不必要的損害者；

⑷覺察到對本企業的重大危害，因徇私不顧或隱匿不報，因而怠誤時機至本企業遭受損害者。

第十一條　人力資源部門應於每年 1 月 15 日前將各級員工考勤及獎懲資料填妥。

第十二條　下列人員不得參加年度考績：

⑴入職未滿半年者；

⑵停薪留職及複職未達半年者；

⑶已征且入伍者；

⑷曾受留職察看處分者；

⑸中途離職者。

第十三條　不得參加年度考績的人員仍應填具考勤及獎懲資料備查，但應註明「不參加考核」字樣及原因。

第十四條　年度考績依成績分下列五等。

一等：85 分以上，年度考績在 85 分以上者，列爲一等，升職 1 級，或加薪 10 級。

二等：80～85 分，年度考績在 80 分以上，未滿 85 分者，列爲二等，加薪 5 級。

三等：70～79 分，年度考績在 70 分以上，未滿 80 分者，列爲二等，加薪 3 級。

四等：60～69 分，年度考績在 60 分以上，未滿 70 分者，列爲二等，加薪 1 級。

五等：59 分以下，年度考績未滿 60 分者，列爲五等，薪酬不做調整。

第十五條　年度內曾受獎勵或懲戒者，其年度考績應依下列規定增減其分數：

⑴記大功一次加 10 分；記功一次加 5 分；嘉獎一次加 2 分；

⑵記大過一次減 10 分；記過一次減 5 分；降職一次減 2 分。

第十六條　有下列情形之一者，其考績不得列爲一等：

⑴曾受任何一種懲戒；

⑵遲到或早退累計扣分 10 分以上者；

⑶請假超過限定日數者；

⑷曠工一天以上者。

第十七條　有下列情形之一者，其考核不得列入一等至三等：

⑴在年度內曾受記過以上處分者；

⑵盡到或早退累計 20 次以上者；

⑶曠工兩日以上者。

第十八條　請假、遲到、早退及曠工除依前兩條的規定外，並依下列規定扣減年終獎金：

⑴事假：每超過一次，於年終獎金內扣減其底薪 1/30；

⑵病假：除經特准者外，每超過 1 次，於年終獎金內扣減其底薪 1/60；

⑶曠工一天，於所終獎金內扣減×××元；

⑷遲到 4 次，於年終獎金內扣減×××元。

附錄 2：員工考勤管理制度

第一章　總則

第一條　為促進規範化建設，維護辦公秩序，提高工作效率，參照有關法規，結合企業實際情況制定規定。

第二條　本規定是對全體員工進行出勤檢查與管理的基本依據。

第三條　必要的、嚴格的、實事求是的考勤管理，是圓滿完成各項工作任務的重要保證，是提高全體員工素質的必要條件。各部門領導和有關負責人必須把考勤管理作為經常性的工作加以重視。

第四條　自覺維護正常的辦公秩序，是全體員工的共同職責，要嚴以律已，互相監督，確保考勤管理工作落到實處。各部門領導要加強檢查督促，嚴格管理、嚴格要求，以保證本規定的實施。

第二章　考勤

第五條　按照規定，除休息日和法定節假日外，每週一至週五爲工作日。每日工作時間爲上午 8:30～12:00，下午 2:00～5:30。

第六條　遲到、早退、溜班

上班未在規定時間簽到者爲遲到；未經請假者提前下班者爲早退；工作時間擅離崗位者爲溜班。

第七條　事假、病假

工作時間因事、因病請假並經領導批准者，爲事假或病假。

第八條　超假、曠工

假期已滿，仍未銷假上班者爲超假；未經請假缺勤 1 小時以上者爲曠工。

第九條　值班、加班

領導安排非工作時間守崗者爲值班；經領導決定或同意延長工作時間，以及在休息日、法定節假日工作者爲加班。

第十條　滿勤、多出勤

全年無遲到、早退、溜班、曠工及請假者爲滿勤；領導雖未安排，但爲完成工作任務和維護企業、營業部利益，主動加班者爲多出勤。

第十一條　考勤標準

⑴在法定節假日和非工作時間工作 3～4 小時爲加班半天，5～8 小時爲加班一天，

⑵請假 2～4 小時按半天、5～8 小時按一天計算。

第三章　假期

第十二條　休假和探親假

在企業工作一年以上的員工，均可按規定享受休假或探親假（當年轉正定級人員，從下一年度開始執行）。

⑴休假

工齡滿一年但不滿 10 年的員工，每年休假的假期爲 6 天；滿 10 年不滿 20 年的爲 10 天；21 年以上的爲 15 天。

⑵探親假

①不能利用休息日與親人團聚的跨地區的未婚員工探望父母，每年假期爲 20 天；已婚員工探望配偶每年假期爲 30 天。新調入員工，第二年開始享受。

②夫妻在一地生活的員工探望省外的父母，每 4 年給假一次，假期爲 20 天。

③員工的父母一方與配偶住在一地的，員工不再享受探望父母的待遇。

④夫妻在一地生活的員工每 4 年探望父母一次的假期，一般在第 4 年安排。如家中有特殊情況，提前用假，下次探望時間應從第 5 年算起，不得依次提前。新調入員工，從調入之日開始計算。

⑤員工探望配偶和未婚員工探望父母的往返路費，由所在單位(部門)負擔。已婚員工探望父母的往返路費，在本人月薪資 30%上內，由本人自理，超過部份由所在單位(部門)負擔。往返路費按火車硬臥標準。

第十三條　生育假

⑴女員工產假 90 天，其中產前假 15 天。

⑵晚育(24 週歲生育第一個孩子)並領取《獨生子女證》的，女方產假可延長到 135 天，難產的，增加 15 天；生育多胞胎的，每多生育一嬰，產假增加 15 天。

⑶夫妻雙方都有工作單位的，可給男方 7 天照顧假。

第十四條　計劃生育假

⑴女員工生育一個孩子後實行長效節育措施失敗，第一次行人工流產手術者，根據醫院證明，懷孕不足 3 個月或給產假 15 天，3 個月以上者給產假 42 天。

⑵員工實行長效節育手術的保存期分別爲：男員工行結紮手術 7 天；女員工行放環術 2 天，取環術 1 天，結紮手術 21 天，人工流產手術後同時做結紮手術者 30 天，產後結紮另加 14 天。

第十五條　公傷假。員工因公受傷，根據有關規定，經工會、人事知醫療單位認可後，可請公傷假。

第十六條　喪假。員工直系親屬死亡，可給假 3 天；旁系親屬死亡，可給假 1 天；其他親屬死亡，需請假者，按事假處理。

第十七條　補休假。員工在休息日和法定節假日加班，原則上應安排補休。休息日加班 1 天補休 1 天，法定節假日加班 1 天補休 2 天；因公出差 1 週的補休 1 天，2 週以上的補休 2 天。

第十八條　員工休假和探親假應不影響工作的前提下，妥善安排。

各類假期一般以年度爲準，一次連續休完，不得跨年度累計。

除事假外，在假期中如遇法定節假日，不能另外加假。探親假路途往返時間另行給假。

享受探親假者，不再享受休假待遇。

第十九條　員工經批准參加業餘學習(指電大、函大和大中專自學)考試佔用的時間爲公派學習，但考試前需出具有關證明，並辦理請假手續。

第四章　請假審批許可權和程序

第二十條　一般員工(含副職以下中層幹部)請法定假，由各單位(部門)領導批准，企業部部各部門還應報人力資源部審批；事假和病假在 2 天內由各單位(部門)領導審批，超過 2 天的報人力資源部審批。

各單位(部門)負責人請假 2 天以上(含 2 天)的，應報人力資源部送企業領導審批。

第二十一條　員工請假應由本人填寫《請假審批單》，經領導批准後方可離開工作崗位。特殊情況可先請他人代辦，或先電話報告，但事後必須自覺補辦手續。經領導批准的《請假審批單》作爲考勤和報銷差旅費的依據之一。

員工請假應按程序、逐級報批。應由企業領導審批的，需經部門經理同意後方可上報。

第五章　考勤管理

第二十二條　全企業實行員工(含中層幹部)上班簽到制度。員工到班後應及時在簽到本或考勤機上簽註到崗時間。

員工必須親自簽到，不得互相代爲簽到。

第二十三條　各部的考勤工作一般由總務負責，企業部各部由人力資源部負責。

第二十四條　員工因特殊情況無法簽到、簽退的，應報部門領導同意後，由部門考勤人員登記，報人力資源部備案。

第二十五條　各部每月 2 日前將上月考勤情況匯總，並填寫《考勤統計表》，經部門領導審簽後報人力資源部。

第二十六條　各部門領導對本部門考勤工作負全責。應隨時掌握、經常檢查員工出勤情況，定期講評。

負責考勤工作的人員要堅持原則，履行職責，切實做好考勤登記和統計工作。

第二十七條　人力資源部是考勤工作的管理部門。除定期檢查、監督總部各部室工作人員出勤情況和考勤制度的落實外，還要不定期地會同有關部門對異地分支機搆考勤情況進行抽查。

第六章　獎勵與處罰

第二十八條　遵守、執行和維護本規定表現突出者，應給予表揚和獎勵。

第二十九條　加班者，因工作需要不能補休的，可按規定發給加班費。公休假沒有使用的，可按休息日的加班標準給予出勤獎。

第三十條　遲到、早退、溜班者，每次扣發××元；1 個月內遲到、早退或溜班超過 3 次者，每次按××元扣發；無故超假者，按曠工處理。

曠工者，除給予必要的行政處分外，按實際曠工天數扣發個人當月薪資和獎金。曠工半天扣發 1/4 個月薪資和獎金，1 天扣發 1/2 個月，依次類推；連續曠工 8 天或者全年累計曠工 10 天者，上報企業按辭退處理。

第三十一條　員工必須親自簽到、簽退，不得委託他人代簽，否則，每發現一次，替代人與未到人各按曠工半天處理。

第三十二條　負責考勤者和有關人員有意隱瞞或弄虛作假，發現一次，扣××元，並公開批評。

第七章　薪資的扣發

第三十三條　月內事假 1～2 天的，每天扣發××元；3 天以上的，按當月薪資日平均數乘以請假天數扣發。

第三十四條　月內病假 1～2 天者，按實際天數每天扣××元；3～15 天者每天扣××元；15 天以上者，每天扣××元。

年內累計請假超過 2 個月至 6 個月，從第 3 個月起，工齡不滿 10 年的扣發當月薪資的 10%。病假超過 6 個月，從第 7 個月起，工齡不滿 10 年的扣發當月薪資的 30%；滿 10 年不滿 30 年的，扣發當月薪資的 20%；滿 30 年以上的扣發當月薪資的 10%。

連續請病假 3 天以上者，應有區、縣級以上醫院疾病證明書，否則，按事假處理。

第三十五條　年度內假期達 15 天以上的，均應按實際天數扣發獎金。

附錄 3：員工獎懲管理制度

1. 總則

目的：爲規範員工行爲，加強集團內部管理，使集團獎懲管理工作有章可循，特制定本制度。

2. 適用範圍

⑴除集團董事長、總裁，各中心、控股企業、項目組的全體員工均適用本制度。

⑵對各單位高管級以上人員的獎懲由董事會辦公室負責。

⑶實行事業部管理的單位可以參照本規範執行獎懲，也可以在許可權範圍制定獎懲制度和具體獎懲規定，但不能與本規範基本原則和基本規定相衝突。

⑷各事業部單位自己制定的獎懲規範，必須上報集團人事管理中心審核備案。

3. 基本原則

⑴精神鼓勵和物質鼓勵相結合；對違反規章制度，堅持以教育爲主、懲罰爲輔的原則。

⑵制度面前人人平等，所有員工無論職位高低，在適用獎懲規範時一律平等。

⑶處理獎懲以事實爲依據，以制度爲準繩。

4. 管理職責

⑴獎勵職責：根據獎懲許可權，部門經理級以上員工負責對符合獎勵條件的員工向獎懲裁決部門提請獎勵。集團所有員工有權對符合獎勵條件的員工向行政監察部門推薦獎勵。

各單位人事管理人員和部門經理級以上員工爲獎勵的裁決部門，負責對提請獎勵的事件進行審核，做出裁決。

⑵懲戒職責：對員工違反集團規章制度的行爲，各級管理人員有權行使懲戒權力，懲戒權實行監察權和裁決權相分離的制度，由行政監督檢查管理人員和人事獎懲裁決人員分別行使。規模較小的，行政與人事職能在一起行使的單位可以一併使監察權和裁決權。

⑶監察權由負有監察、檢查、監督責任的行政管理人員和部門經理以上員工行使，負責對違紀員工提請獎懲處理負責對違紀事件進行調查核實，收集證據，向裁決部門提出懲戒申請。並負責對獎懲裁決部門進行監督。集團所有員工如發現其他員工有違紀行爲，有權向行政監察部門提出投訴和檢舉。

⑷裁決權由各單位負有人事管理職能的部門經理級以上員工以及人事經理、集團人事管理中心、董事會辦公室分別行使。裁決部門負責對行政監察部門提交的懲戒申請和證據進行核實，根據獎懲規範和相關制度對員工做出獎懲決定。

未經人事裁決部門裁決，任何人不得對員工進行懲戒。

(5)集團人事管理中心負責全集團獎懲的監督，負責處理重大獎懲事件，處理獎懲復議和獎懲申訴，負責對行政監察部門進行監督。

5. 獎懲許可權

獎懲處理決定只有各單位具有人事管理許可權的管理人員有權裁決，各類獎懲事宜必須按照以下許可權操作。

許可權類別：提議、審核、覆核、批准、備案。

6. 獎勵管理內容

(1)獎勵種類

晉升——職務、薪級提高，分爲依照薪酬制度和其他規定晉升和越級晉升兩種。

加薪——職務、級別不變，增加月薪數額，根據實際情況每月增加××－××××元。

獎金——一次性給予現金或其他有價獎勵，根據實際情況獎勵現金，數額不限。

表揚——分爲口頭表揚和書面表揚兩種，表揚可以和其他獎勵合併適用。當月受到 3 次以上沒有附帶其他獎勵的書面表揚或 6 次以上口頭表揚可獲現金獎勵×××元。

各單位可以根據實際情況設定其他獎勵種類，在實施獎勵時，可根據實際情況一併頒發證書、獎盃、獎狀等，各項獎勵不納入績效考核獎勵範圍。

(2)獎勵項目

集團和實行事業部的單位可以根據本單位實際情況和許可權範圍設定獎勵項目，並制定具體評選實施方案，按規定上報集團相應的管理單位備案獲批准後實施。集團設立以下獎勵項目，各單位可以根據實際情況選擇使用。

①董事長獎：每財務年度結束後 1 個月內評選一次，針對本集團內在經營、管理和技術開發等方面做出特別傑出貢獻的員工，由董事長親自頒發獎勵。全集團每年評選 2 名，具體實施辦法另行制定。

②優秀員工獎：每季度評選一次，根據本單位人員情況，按每單位 10 人評選 1 人的比例，不滿 10 人按 1 人，獎勵當月工作表現優秀的員工，獎勵現金×××元，並在全集團範圍內發佈獎勵通知，具體事宜另行通知。

③優秀單位獎：每年評選一次，全集團 2 個名額，獎勵業績突出的單位，獎勵現金××××元以上，具體事宜另行規定。

④優秀經理獎：每年評選一次，評選對象爲部門經理級別的員工，按每單位 1 名的比例，獎勵現金×××元以上，具體事宜另行規定。

⑤營銷精英獎：每年評選一次，評選對象爲從事市場業務人員，全集團 5 名，獎勵現金×××元以上，具體事宜另行規定。

⑥技術創新獎：每年評選一次，評選對象爲專業從事技術研發的專業技術人才，全集團 5 名，獎勵現金×××元以上，具體事宜另行規定。

⑦各單位可以根據實際情況，設定其他單項獎勵。

⑶獎勵條件

對於有下列表現的團隊或員工，可以根據實際情況給予不同獎勵。

①積極維護企業榮譽，在客戶中樹立良好企業形象和口碑。

②認真勤奮，承辦、執行或督導工作得力，策劃、承辦、執行重要事務成績顯著者。

③嚴格遵守各項規章制度，認真完成本員工作，工作成績優秀者；工作勤奮，超額完成工作任務者。

④對工作流程或管理制度積極提出合理化建議，被採納者；在工作中勇於創新，在管理、技術開發方面富有成效者，對主辦業務有重大革新，提出具體方案，經實行確有成效者。

⑤對可能發生的意外事故能防患於未然，確保企業及財物安全者，同壞人壞事作鬥爭，對維護正常的工作秩序有顯著功績者，防止或挽回經濟損失有功者。

⑥對於舞弊，或有危害企業權益事情，能事先揭發、制止者，檢舉揭發違反規定或損害企業利益事件者。

⑦具有較高的專業技能和知識水準，能夠在工作中積極運用，並能夠指導幫助同事工作成績顯著者。

⑧工作認真負責，忠於職守，積極主動，廉潔奉公，維護財務制度，拒絕賄賂者。

⑨現推薦優秀人才者。

⑩服從企業命令，處處以大局爲重，品行端正、遵守規章、服務指導，堪爲全體員工楷模者。

其他經有關部門考核認定的應受獎勵的行爲。

⑷獎勵程序

①獎勵評選和考核的組織——各單位根據各類具體獎勵實施方案，組織初稿，經考核和評選得出獎勵結果。

②獎勵申請——各單位人事管理根據各類獎勵評選和考核後的結果，確定獎勵人員和應受獎勵的種類和具體數額，填寫《獎勵申請表》，並提交相關依據和資料，按審批許可權逐級上報。

③獎勵裁決——獎勵裁決部門和管理人員根據申請人提交的資料

進行審核，依據相關規定按許可權做出獎勵裁決並通知本人。

7. 懲戒

⑴懲戒的等級和種類

懲戒標準

①解僱

②降職(降低職務或薪酬等級)

③降薪(每月薪資降低一定數額)

④停職(停止一定期限的職務和待遇)

⑤減薪(一次性從月薪資中扣除一部份)

⑥警告(分爲書面和口頭兩種)

⑵違反法律法規的事項不在本懲戒標準內，應按有關法律法規將當事人移交有關部門處理。

⑶懲戒程序

①違紀調查——依規章制度行政人員在進行各類檢查、監督工作中發現員工違反規章制度的行爲，或通過其他員工檢舉投訴的違紀行爲，有權進行調查，收集證據和資料，有權詢問當事人。

②懲戒申請——行政監察人員根據調查結果，對事實清楚、證據確鑿，按懲戒標準應處以減薪××元以下處罰的違紀事件，可以直接予以處理，開具《懲戒通知》送達本人簽收，並將《懲戒通知》副本和相關證據提交裁決部門備案。

③人事裁決——行使裁決許可權的人員在收到《懲戒申請》和相關資料後，應在 24 小時內進行審核，根據審核確定的事實並依據相關規章制度做出裁決，按規定許可權，出具《懲戒通知》並送棕本人簽收。

④懲戒執行——人事裁決人員負責執行各類裁決。

⑤懲戒復議——人事管理中心負責受理所有懲戒復議，員工如對懲戒決議不滿，可以在接到懲戒通知後 48 小時內向人事管理中心提出書面復議申請。

心得欄

82	財務管理制度化	360 元
83	人事管理制度化	360 元
84	總務管理制度化	360 元
85	生產管理制度化	360 元
86	企劃管理制度化	360 元
91	汽車販賣技巧大公開	360 元
97	企業收款管理	360 元
100	幹部決定執行力	360 元
106	提升領導力培訓遊戲	360 元
112	員工招聘技巧	360 元
113	員工績效考核技巧	360 元
114	職位分析與工作設計	360 元
116	新產品開發與銷售	400 元
122	熱愛工作	360 元
124	客戶無法拒絕的成交技巧	360 元
125	部門經營計劃工作	360 元
127	如何建立企業識別系統	360 元
129	邁克爾・波特的戰略智慧	360 元
130	如何制定企業經營戰略	360 元
132	有效解決問題的溝通技巧	360 元
135	成敗關鍵的談判技巧	360 元
137	生產部門、行銷部門績效考核手冊	360 元
138	管理部門績效考核手冊	360 元
139	行銷機能診斷	360 元
140	企業如何節流	360 元
141	責任	360 元
142	企業接棒人	360 元
144	企業的外包操作管理	360 元
146	主管階層績效考核手冊	360 元
147	六步打造績效考核體系	360 元

148	六步打造培訓體系	360 元
149	展覽會行銷技巧	360 元
150	企業流程管理技巧	360 元
152	向西點軍校學管理	360 元
154	領導你的成功團隊	360 元
155	頂尖傳銷術	360 元
156	傳銷話術的奧妙	360 元
160	各部門編制預算工作	360 元
163	只為成功找方法，不為失敗找藉口	360 元
167	網路商店管理手冊	360 元
168	生氣不如爭氣	360 元
170	模仿就能成功	350 元
171	行銷部流程規範化管理	360 元
172	生產部流程規範化管理	360 元
174	行政部流程規範化管理	360 元
176	每天進步一點點	350 元
177	易經如何運用在經營管理	350 元
180	業務員疑難雜症與對策	360 元
181	速度是贏利關鍵	360 元
183	如何識別人才	360 元
184	找方法解決問題	360 元
185	不景氣時期，如何降低成本	360 元
186	營業管理疑難雜症與對策	360 元
187	廠商掌握零售賣場的竅門	360 元
188	推銷之神傳世技巧	360 元
189	企業經營案例解析	360 元
191	豐田汽車管理模式	360 元
192	企業執行力（技巧篇）	360 元
193	領導魅力	360 元
197	部門主管手冊(增訂四版)	360 元

198	銷售說服技巧	360 元
199	促銷工具疑難雜症與對策	360 元
200	如何推動目標管理（第三版）	390 元
201	網路行銷技巧	360 元
202	企業併購案例精華	360 元
204	客戶服務部工作流程	360 元
206	如何鞏固客戶（增訂二版）	360 元
207	確保新產品開發成功(增訂三版)	360 元
208	經濟大崩潰	360 元
209	鋪貨管理技巧	360 元
210	商業計劃書撰寫實務	360 元
212	客戶抱怨處理手冊(增訂二版)	360 元
214	售後服務處理手冊（增訂三版）	360 元
215	行銷計劃書的撰寫與執行	360 元
216	內部控制實務與案例	360 元
217	透視財務分析內幕	360 元
219	總經理如何管理公司	360 元
222	確保新產品銷售成功	360 元
223	品牌成功關鍵步驟	360 元
224	客戶服務部門績效量化指標	360 元
226	商業網站成功密碼	360 元
228	經營分析	360 元
229	產品經理手冊	360 元
230	診斷改善你的企業	360 元
231	經銷商管理手冊(增訂三版)	360 元
232	電子郵件成功技巧	360 元
233	喬・吉拉德銷售成功術	360 元
234	銷售通路管理實務〈增訂二版〉	360 元
235	求職面試一定成功	360 元
236	客戶管理操作實務〈增訂二版〉	360 元
237	總經理如何領導成功團隊	360 元
238	總經理如何熟悉財務控制	360 元
239	總經理如何靈活調動資金	360 元
240	有趣的生活經濟學	360 元
241	業務員經營轄區市場（增訂二版）	360 元
242	搜索引擎行銷	360 元
243	如何推動利潤中心制度（增訂二版）	360 元
244	經營智慧	360 元
245	企業危機應對實戰技巧	360 元
246	行銷總監工作指引	360 元
247	行銷總監實戰案例	360 元
248	企業戰略執行手冊	360 元
249	大客戶搖錢樹	360 元
250	企業經營計劃〈增訂二版〉	360 元
251	績效考核手冊	360 元
252	營業管理實務（增訂二版）	360 元
253	銷售部門績效考核量化指標	360 元
254	員工招聘操作手冊	360 元
255	總務部門重點工作（增訂二版）	360 元
256	有效溝通技巧	360 元
257	會議手冊	360 元
258	如何處理員工離職問題	360 元
259	提高工作效率	360 元
260	贏在細節管理	360 元
261	員工招聘性向測試方法	360 元
262	解決問題	360 元

263	微利時代制勝法寶	360 元
264	如何拿到 VC（風險投資）的錢	360 元
265	如何撰寫職位說明書	360 元
267	促銷管理實務〈增訂五版〉	360 元
268	顧客情報管理技巧	360 元
269	如何改善企業組織績效〈增訂二版〉	360 元
270	低調才是大智慧	360 元
271	電話推銷培訓教材〈增訂二版〉	360 元
272	主管必備的授權技巧	360 元
274	人力資源部流程規範化管理（增訂三版）	360 元
275	主管如何激勵部屬	360 元
276	輕鬆擁有幽默口才	360 元
277	各部門年度計劃工作（增訂二版）	360 元
278	面試主考官工作實務	360 元
279	總經理重點工作（增訂二版）	360 元
282	如何提高市場佔有率（增訂二版）	360 元
283	財務部流程規範化管理（增訂二版）	360 元
284	時間管理手冊	360 元
285	人事經理操作手冊（增訂二版）	360 元

《商店叢書》

4	餐飲業操作手冊	390 元
5	店員販賣技巧	360 元
10	賣場管理	360 元
12	餐飲業標準化手冊	360 元
13	服飾店經營技巧	360 元
18	店員推銷技巧	360 元
19	小本開店術	360 元
20	365 天賣場節慶促銷	360 元
29	店員工作規範	360 元
30	特許連鎖業經營技巧	360 元
32	連鎖店操作手冊（增訂三版）	360 元
33	開店創業手冊〈增訂二版〉	360 元
34	如何開創連鎖體系〈增訂二版〉	360 元
35	商店標準操作流程	360 元
36	商店導購口才專業培訓	360 元
37	速食店操作手冊〈增訂二版〉	360 元
38	網路商店創業手冊〈增訂二版〉	360 元
39	店長操作手冊（增訂四版）	360 元
40	商店診斷實務	360 元
41	店鋪商品管理手冊	360 元
42	店員操作手冊（增訂三版）	360 元
43	如何撰寫連鎖業營運手冊〈增訂二版〉	360 元
44	店長如何提升業績〈增訂二版〉	360 元
45	向肯德基學習連鎖經營〈增訂二版〉	360 元
46	連鎖店督導師手冊	360 元
47	賣場如何經營會員制俱樂部	360 元

《工廠叢書》

5	品質管理標準流程	380 元
9	ISO 9000 管理實戰案例	380 元

10	生產管理制度化	360 元
11	ISO 認證必備手冊	380 元
12	生產設備管理	380 元
13	品管員操作手冊	380 元
15	工廠設備維護手冊	380 元
16	品管圈活動指南	380 元
17	品管圈推動實務	380 元
20	如何推動提案制度	380 元
24	六西格瑪管理手冊	380 元
30	生產績效診斷與評估	380 元
32	如何藉助 IE 提升業績	380 元
35	目視管理案例大全	380 元
38	目視管理操作技巧(增訂二版)	380 元
40	商品管理流程控制(增訂二版)	380 元
42	物料管理控制實務	380 元
46	降低生產成本	380 元
47	物流配送績效管理	380 元
49	6S 管理必備手冊	380 元
50	品管部經理操作規範	380 元
51	透視流程改善技巧	380 元
55	企業標準化的創建與推動	380 元
56	精細化生產管理	380 元
57	品質管制手法〈增訂二版〉	380 元
58	如何改善生產績效〈增訂二版〉	380 元
60	工廠管理標準作業流程	380 元
62	採購管理工作細則	380 元
63	生產主管操作手冊(增訂四版)	380 元
64	生產現場管理實戰案例〈增訂二版〉	380 元
65	如何推動 5S 管理（增訂四版）	380 元
67	生產訂單管理步驟〈增訂二版〉	380 元
68	打造一流的生產作業廠區	380 元
70	如何控制不良品〈增訂二版〉	380 元
71	全面消除生產浪費	380 元
72	現場工程改善應用手冊	380 元
73	部門績效考核的量化管理（增訂四版）	380 元
74	採購管理實務〈增訂四版〉	380 元
75	生產計劃的規劃與執行	380 元
76	如何管理倉庫（增訂六版）	380 元

《醫學保健叢書》

1	9 週加強免疫能力	320 元
3	如何克服失眠	320 元
4	美麗肌膚有妙方	320 元
5	減肥瘦身一定成功	360 元
6	輕鬆懷孕手冊	360 元
7	育兒保健手冊	360 元
8	輕鬆坐月子	360 元
11	排毒養生方法	360 元
12	淨化血液　強化血管	360 元
13	排除體內毒素	360 元
14	排除便秘困擾	360 元
15	維生素保健全書	360 元
16	腎臟病患者的治療與保健	360 元
17	肝病患者的治療與保健	360 元
18	糖尿病患者的治療與保健	360 元
19	高血壓患者的治療與保健	360 元

22	給老爸老媽的保健全書	360 元
23	如何降低高血壓	360 元
24	如何治療糖尿病	360 元
25	如何降低膽固醇	360 元
26	人體器官使用說明書	360 元
27	這樣喝水最健康	360 元
28	輕鬆排毒方法	360 元
29	中醫養生手冊	360 元
30	孕婦手冊	360 元
31	育兒手冊	360 元
32	幾千年的中醫養生方法	360 元
33	免疫力提升全書	360 元
34	糖尿病治療全書	360 元
35	活到 120 歲的飲食方法	360 元
36	7 天克服便秘	360 元
37	為長壽做準備	360 元
38	生男生女有技巧〈增訂二版〉	360 元
39	拒絕三高有方法	360 元
40	一定要懷孕	360 元

《培訓叢書》

4	領導人才培訓遊戲	360 元
8	提升領導力培訓遊戲	360 元
11	培訓師的現場培訓技巧	360 元
12	培訓師的演講技巧	360 元
14	解決問題能力的培訓技巧	360 元
15	戶外培訓活動實施技巧	360 元
16	提升團隊精神的培訓遊戲	360 元
17	針對部門主管的培訓遊戲	360 元
18	培訓師手冊	360 元
19	企業培訓遊戲大全(增訂二版)	360 元
20	銷售部門培訓遊戲	360 元
21	培訓部門經理操作手冊（增訂三版）	360 元
22	企業培訓活動的破冰遊戲	360 元
23	培訓部門流程規範化管理	360 元

《傳銷叢書》

4	傳銷致富	360 元
5	傳銷培訓課程	360 元
7	快速建立傳銷團隊	360 元
10	頂尖傳銷術	360 元
11	傳銷話術的奧妙	360 元
12	現在輪到你成功	350 元
13	鑽石傳銷商培訓手冊	350 元
14	傳銷皇帝的激勵技巧	360 元
15	傳銷皇帝的溝通技巧	360 元
17	傳銷領袖	360 元
18	傳銷成功技巧（增訂四版）	360 元
19	傳銷分享會運作範例	360 元

《幼兒培育叢書》

1	如何培育傑出子女	360 元
2	培育財富子女	360 元
3	如何激發孩子的學習潛能	360 元
4	鼓勵孩子	360 元
5	別溺愛孩子	360 元
6	孩子考第一名	360 元
7	父母要如何與孩子溝通	360 元
8	父母要如何培養孩子的好習慣	360 元
9	父母要如何激發孩子學習潛能	360 元
10	如何讓孩子變得堅強自信	360 元

《成功叢書》

1	猶太富翁經商智慧	360 元
2	致富鑽石法則	360 元
3	發現財富密碼	360 元

《企業傳記叢書》

1	零售巨人沃爾瑪	360 元
2	大型企業失敗啟示錄	360 元
3	企業併購始祖洛克菲勒	360 元
4	透視戴爾經營技巧	360 元
5	亞馬遜網路書店傳奇	360 元
6	動物智慧的企業競爭啟示	320 元
7	CEO 拯救企業	360 元
8	世界首富　宜家王國	360 元
9	航空巨人波音傳奇	360 元
10	傳媒併購大亨	360 元

《智慧叢書》

1	禪的智慧	360 元
2	生活禪	360 元
3	易經的智慧	360 元
4	禪的管理大智慧	360 元
5	改變命運的人生智慧	360 元
6	如何吸取中庸智慧	360 元
7	如何吸取老子智慧	360 元
8	如何吸取易經智慧	360 元
9	經濟大崩潰	360 元
10	有趣的生活經濟學	360 元
11	低調才是大智慧	360 元

《DIY 叢書》

1	居家節約竅門 DIY	360 元
2	愛護汽車 DIY	360 元
3	現代居家風水 DIY	360 元
4	居家收納整理 DIY	360 元
5	廚房竅門 DIY	360 元
6	家庭裝修 DIY	360 元
7	省油大作戰	360 元

《財務管理叢書》

1	如何編制部門年度預算	360 元
2	財務查帳技巧	360 元
3	財務經理手冊	360 元
4	財務診斷技巧	360 元
5	內部控制實務	360 元
6	財務管理制度化	360 元
8	財務部流程規範化管理	360 元
9	如何推動利潤中心制度	360 元

為方便讀者選購，本公司將一部分上述圖書又加以專門分類如下：

《企業制度叢書》

1	行銷管理制度化	360 元
2	財務管理制度化	360 元
3	人事管理制度化	360 元
4	總務管理制度化	360 元
5	生產管理制度化	360 元
6	企劃管理制度化	360 元

《主管叢書》

1	部門主管手冊	360 元
2	總經理行動手冊	360 元
4	生產主管操作手冊	380 元
5	店長操作手冊（增訂版）	360 元
6	財務經理手冊	360 元

7	人事經理操作手冊	360 元
8	行銷總監工作指引	360 元
9	行銷總監實戰案例	360 元

《總經理叢書》

1	總經理如何經營公司(增訂二版)	360 元
2	總經理如何管理公司	360 元
3	總經理如何領導成功團隊	360 元
4	總經理如何熟悉財務控制	360 元
5	總經理如何靈活調動資金	360 元

《人事管理叢書》

1	人事管理制度化	360 元
2	人事經理操作手冊	360 元
3	員工招聘技巧	360 元
4	員工績效考核技巧	360 元
5	職位分析與工作設計	360 元
7	總務部門重點工作	360 元
8	如何識別人才	360 元
9	人力資源部流程規範化管理（增訂三版）	360 元
10	員工招聘操作手冊	360 元
11	如何處理員工離職問題	360 元

《理財叢書》

1	巴菲特股票投資忠告	360 元
2	受益一生的投資理財	360 元
3	終身理財計劃	360 元
4	如何投資黃金	360 元
5	巴菲特投資必贏技巧	360 元
6	投資基金賺錢方法	360 元
7	索羅斯的基金投資必贏忠告	360 元
8	巴菲特為何投資比亞迪	360 元

《網路行銷叢書》

1	網路商店創業手冊〈增訂二版〉	360 元
2	網路商店管理手冊	360 元
3	網路行銷技巧	360 元
4	商業網站成功密碼	360 元
5	電子郵件成功技巧	360 元
6	搜索引擎行銷	360 元

《企業計劃叢書》

1	企業經營計劃〈增訂二版〉	360 元
2	各部門年度計劃工作	360 元
3	各部門編制預算工作	360 元
4	經營分析	360 元
5	企業戰略執行手冊	360 元

《經濟叢書》

1	經濟大崩潰	360 元
2	石油戰爭揭秘(即將出版)	

使用培訓、提升企業競爭力是萬無一失、事半功倍的方法。其效果更具有超大的「投資報酬力」！

最暢銷的培訓叢書

名稱	特價	名稱	特價
4 領導人才培訓遊戲	360 元	17 針對部門主管的培訓遊戲	360 元
8 提升領導力培訓遊戲	360 元	18 培訓師手冊	360 元
11 培訓師的現場培訓技巧	360 元	19 企業培訓遊戲大全（增訂二版）	360 元
12 培訓師的演講技巧	360 元	20 銷售部門培訓遊戲	360 元
14 解決問題能力的培訓技巧	360 元	21 培訓部門經理操作手冊（增訂三版）	360 元
15 戶外培訓活動實施技巧	360 元	22 企業培訓活動的破冰遊戲	360 元
16 提升團隊精神的培訓遊戲	360 元	23 培訓部門流程規範化管理	360 元

上述各書均有在書店陳列販賣，若書店賣完而來不及由庫存書補充上架，請讀者直接向店員詢問、購買，最快速、方便！購買方法如下：

銀行名稱：合作金庫銀行 敦南分行（代碼：006）

帳號：**5034-717-347-447**

公司名稱：憲業企管顧問有限公司

郵局劃撥帳號：18410591

使用培訓、提升企業競爭力是萬無一失、事半功倍的方法。其效果更具有超大的「投資報酬力」！

最暢銷的傳銷叢書

名稱	特價	名稱	特價
4 傳銷致富	360 元	13 鑽石傳銷商培訓手冊	350 元
5 傳銷培訓課程	360 元	14 傳銷皇帝的激勵技巧	360 元
7 快速建立傳銷團隊	360 元	15 傳銷皇帝的溝通技巧	360 元
10 頂尖傳銷術	360 元	17 傳銷領袖	360 元
11 傳銷話術的奧妙	360 元	18 傳銷成功技巧（增訂四版）	360 元
12 現在輪到你成功	350 元	19 傳銷分享會運作範例	360 元

上述各書均有在書店陳列販賣，若書店賣完而來不及由庫存書補充上架，請讀者直接向店員詢問、購買，最快速、方便！購買方法如下：

銀行名稱：合作金庫銀行　敦南分行(代碼：006)

帳號：**5034-717-347-447**

公司名稱：憲業企管顧問有限公司

郵局劃撥帳號：18410591

使用培訓、提升企業競爭力是萬無一失、事半功倍的方法。其效果更具有超大的「投資報酬力」！

最暢銷的醫學保健叢書

名稱	特價	名稱	特價
1 9 週加強免疫能力	320 元	24 如何治療糖尿病	360 元
3 如何克服失眠	320 元	25 如何降低膽固醇	360 元
4 美麗肌膚有妙方	320 元	26 人體器官使用說明書	360 元
5 減肥瘦身一定成功	360 元	27 這樣喝水最健康	360 元
6 輕鬆懷孕手冊	360 元	28 輕鬆排毒方法	360 元
7 育兒保健手冊	360 元	29 中醫養生手冊	360 元
8 輕鬆坐月子	360 元	30 孕婦手冊	360 元
11 排毒養生方法	360 元	31 育兒手冊	360 元
12 淨化血液　強化血管	360 元	32 幾千年的中醫養生方法	360 元
13 排除體內毒素	360 元	33 免疫力提升全書	360 元
14 排除便秘困擾	360 元	34 糖尿病治療全書	360 元
15 維生素保健全書	360 元	35 活到 120 歲的飲食方法	360 元
16 腎臟病患者的治療與保健	360 元	367 天克服便秘	360 元
17 肝病患者的治療與保健	360 元	37 為長壽做準備	360 元
18 糖尿病患者的治療與保健	360 元	38 生男生女有技巧〈增訂二版〉	360 元
19 高血壓患者的治療與保健	360 元	39 拒絕三高有方法	360 元
22 給老爸老媽的保健全書	360 元	40 一定要懷孕	360 元
23 如何降低高血壓	360 元		

上述各書均有在書店陳列販賣，若書店賣完而來不及由庫存書補充上架，請讀者直接向店員詢問、購買，最快速、方便！購買方法如下：

銀行名稱：合作金庫銀行　敦南分行(代碼：006)

帳號：**5034-717-347-447**

公司名稱：憲業企管顧問有限公司

郵局劃撥帳號：18410591

如何藉助流程改善，

提升企業績效？

敬請參考下列各書，內容保證精彩：

- 透視流程改善技巧（380 元）
- 工廠管理標準作業流程（380 元）
- 商品管理流程控制（380 元）
- 如何改善企業組織績效（360 元）
- 診斷改善你的企業（360 元）

上述各書均有在書店陳列販賣，若書店賣完而來不及由庫存書補充上架，請讀者直接向店員詢問、購買，最快速、方便！購買方法如下：

銀行名稱：合作金庫銀行　敦南分行(代碼：006)

帳號：**5034-717-347-447**

公司名稱：憲業企管顧問有限公司

郵局劃撥帳號：18410591

當市場競爭激烈時：

培訓員工，強化員工競爭力
是企業最佳對策

「人才」是企業最大的財富。如何提升人才，是企業永續經營、戰勝對手的核心競爭力。積極培訓公司內部員工，是經濟不景氣時期的最佳戰略，而最快速的具體作法，就是**「建立企業內部圖書館，鼓勵員工多閱讀、多進修專業書藉」**

建議您：請一次購足本公司所出版各種經營管理類圖書，作為貴公司內部員工培訓圖書。使用率高的（例如「贏在細節管理」），準備 3 本；使用率低的（例如「工廠設備維護手冊」），只買 1 本。

經營顧問叢書 ㉘⑤　　售價：360 元

人事經理操作手冊（增訂二版）

西元二〇一二年四月　　增訂二版一刷

編輯指導：黃憲仁

編著：孫小萍

策劃：麥可國際出版有限公司（新加坡）

編輯：蕭玲

校對：劉飛娟

發行人：黃憲仁

發行所：憲業企管顧問有限公司

電話：(02) 2762-2241　(03) 9310960　0930872873

臺北聯絡處：臺北郵政信箱第 36 之 1100 號

銀行 ATM 轉帳：合作金庫銀行　帳號：5034-717-347447

郵政劃撥：18410591　憲業企管顧問有限公司

登記證：行政業新聞局版台業字第 6380 號

本圖書是由憲業企管顧問(集團)公司所出版，以專業立場，為企業界提供最專業的各種經營管理類圖書。

圖書編號 ISBN：978-986-6084-45-4